工作還可以，但上司和同事不可以

七種雷包同事大解密，
讓你成為 職場神隊友

SORRY, IHR NERVT MICH JETZT ALLE

ATTILA ALBERT
阿提拉·亞伯特——

江鈺婷——譯

目錄

真的是夠了

到底是從什麼時候開始，大家的壓力都變得這麼大？自古以來，大家在職涯中本來就都會遇到幾個討厭鬼，但在現今職場上，如果我們發現有人可以只顧自己的工作、不會一直煩人，肯定會覺得驚訝到不行。

執行長飛去亞洲參加下一場會議之前，一定會先在LinkedIn上發一篇保護氣候的傳教文；部門主任因為做了一些正念訓練，開始進行被動攻擊，而不是變得更有同理心。一位同事在開會的時候宣布自己現在是「非二元性別，是多邊戀」；另一個人雖然在公司裡上班，但說她自己在「對抗體制」，尤其厭惡父權主義，卻又讚頌總經理。實習生覺得自己非常敏銳，但做事動機又超級低，身為「Z世代」的他知道自己能夠將標準提高，因為如果必要的話，在他三十五歲之前，他父母都會繼續提供他財務支援。簡言之，所有人都會發展出自己的「精神官能症」，然後期待別人無條件地容忍他們。但如果別人需要你去當他們的心理治療師或牧師，你到底該如何專心工作呢？當所有人都在控制你的時候，你該如何放鬆、保持平常心呢？

以前，大家至少在下班之後能得到一些保護。如果你老闆或同事不得不打電話給你的話，你可以開啟答錄機，完全不會收到任何通知，然後隔天早上再回覆：「不好意思，我們昨天在外面，現在才聽到！」而現在，那些討厭鬼會用盡所有數位通訊管道哀嚎、抱怨、展現情緒依賴，以及塑造自己的形象（我為巴西的雨林哭泣，雖然我根本不知道它們到底在哪裡。）一旦你不小心讀了LinkedIn、Facebook或WhatsApp上的訊息，就沒有回頭路了。因為某個小符號會透露出你已經點開訊息，這下你就欠人家一個回覆，還有要跟對方解釋的壓力。

如果有人會跟你說你「聽得懂」的德文[1]，你也必須感到開心，因為人資與個人發展領域將社會工作者和祕傳宗教那種充滿情緒、自認高人一等的語言帶入公司裡。「我每週都會跟『轉型學習長』面談。」最近有一位「人資策略師」在文章中提到：「我向她提出的問題是：你的『為什麼』是什麼？在面對我們不想處理的東西時，我們該如何採取行動？」有時候，甚至連那些人的「內在小孩」都會感到羞愧，因為長大後的他們看了太多知名心靈講師維特・林道（Veit Lindau）和心理治療師與生命導師羅伯特・貝茨（Robert Betz）的書而忘記該如何好好說話了。「如果你想要為其他人帶來光亮，你自己必須先會發亮。」他們在最近一場勵志講座上這樣說道。「你是珍貴的有感知的生命體，把自己奉獻出去吧！」再來，還有由「生物動力農法」所產出的「排毒果汁」，也就是非常普通但要價十倍的果汁。你可以讓瘦小、只賺取基本工資的腳踏車外送員每天新鮮現送到公司，這樣一來，你因為支持了在地的新興企業（也就是永續商業）而感到心情愉快，你的果汁也會喝起來更甜！

混用英文詞彙就是潮

市場行銷與銷售領域早在好幾年前就發現，想要把所有陳腔濫調的用詞變得都會、新穎，混用英文詞彙是個完美的操作。例如，「只完成工作基本要求」變成「安靜離職」之後，聽起來就不懶惰、並非胸無大志了，反而是一種流行的反叛，目前在美國廣受討論。更進階的使用者已經很懂「安靜藏私」了，意思是不要把所有事都告訴同事。過去，這個現象

1 編按：原文為德文，讀者可自行帶入慣常使用的語言，如中文。

不管在哪個職業領域裡都從未發生過。大家最好都在公車和火車上大聲講電話，好讓其他人聽到更多資訊，像是：「我們有可以讓它們運作的零件嗎？」這件事總是困擾著我們，但至少現在虛線代表著我們的 Go-to-Market（進入市場）策略！」

有個朋友在她新公司的聊天群組裡以先進的美式用法打了「Hi, guys!」，之後隨即跳出一則自動訊息表示：「此問候用語可能會『讓女性與非二元性別者感到被排除在外』，請選擇其他用語。」善意在現在這個時代尤其重要。媒體在每兩張照片中就會安插一位非裔模特兒並不是沒有原因的，即使在德國人口裡只有百分之〇．九的人擁有非裔背景，但這樣一來，至少其他人就可以放心了——我們這裡沒有人會被歧視。

有些同事在社群媒體上的大頭貼已經幾乎沒有空間放自己的照片了，因為他們必須在大頭貼裡加入彩虹、歐盟旗幟和烏克蘭國旗、針筒符號（我已經接種疫苗！）、綠色愛心，以及「絕對不右傾半步！」標語等等。不過現在，在他們放了這些濾鏡之後，再也不會發生其他需要如此表態的事情，不然他們就得放棄這般得來不易的立場。

其他人則仰賴神祕暗號，例如在帳號顯示名稱加入三個紅點代表你認為新冠疫情的情況特別糟，或者你希望能實施更嚴格的措施。有些人再也不想被定義為「他」或「她」。即便你只是個普通的職員，神祕的人稱代名詞也能讓你顯得非常特別。舉例來說，德國電信

（Deutsche Telekom）在公司內部溝通指導手冊裡建議使用「nin」，基本上就是「它」的意思。例句：「它喜歡跟它的團隊一起工作。」如果有人拒絕使用這個代名詞的話，可能會被通報給「威脅管理」處理，也就是新興的內部道德警察。

在以上這些事件當中，我們痛苦地感受到教會的式微。過去，希望從宗教意義上改善世界、自身身世背景較好的子女，會在修道院找到有意義的工作，像是照顧、撫慰貧困之人。如今，他們必須先去參加「拜五顧未來」[2]，然後再去「多元、包容暨永續經營」的團體部門公開譴責我們的罪過，並要求懺悔、皈依信仰。

這阻撓了公司的成長目標，尤其當它們所處的市場環境具備敏感的生態、社會及政治條件時更是如此。但如果有必要的話，董事會也可以贊助當地的援助機構，就能夠拖住那些惱人的非政府組織（NGO），也能拿來當作公司的形象公關。反正現在只要烏克蘭不要再跳出來，彩虹旗一年四季都可以用。如今，企業總部在做的「符號設定」甚至還比教會議會來得更多。然而，當公司面臨招募充分人力資源的問題時，通常就是慈善告終的時候了。但為

---

2 由十五歲瑞典少女格蕾塔・童貝里（Greta Thunberg）發起的「週五護未來」（Fridays for Future）行動，意在呼籲關注全球氣候變化議題。

什麼那些高調低薪的徵才廣告總是收不到足夠的應徵人數呢？這也是個謎啊！

一大堆想問身邊那些討厭鬼的問題

在職場上處理那些討厭鬼的經驗會衍生出許多問題。如果有一個同行的人在推特（Twitter）上發了這篇文說自己遇到這件事，我們應該如何回覆？「今天早上四歲的女兒跟我說：『外交部長安娜琳娜・貝爾伯克（Annalena Baerbock）可以幫幫忙，讓伊隆・馬斯克（Elon Musk）不要再繼續爛下去嗎？』我必須哭一下。」或許可以回：「這跟你之前說的是同一個女兒嗎？她一年前才說：『媽媽，男人也可以當總理嗎？』那她對能源和氣候政策有什麼看法？因為環保少女格蕾塔現在也已經成年了嘛，所以她算是整個政策發展的一部分。」

就連實際的企業管理問題都可以瞬間導向惱人的爭端。例如新的「人才及文化」部門針對熱門的「心理健康」話題舉辦了主題週的活動，建議大家透過Zoom視訊一起煮飯、討論問題與恐懼。我們對此該怎麼回應？我們應該跟他們說，去聘雇足夠數量的員工，然後把組織簡化，這樣會比較合理嗎？這樣一來，就不會有五個經理只能找同一個同事做事的情況了？又或者，選擇準時完成工作可能會比較好呢？這樣我們才能跟自己的伴侶一起煮飯，或者甚至才終於能夠找到伴侶？

但如果這麼做的話，我們就會瞬間變成掃興鬼，會被指控缺乏敏感度，也會徹底搗亂成本計算。最後，有人會建議廢除那些負責思想再教育和製作簡報的部門，把那些職缺釋放到其他人力不足的部門。畢竟，客服部門的自動答錄公告已經這樣說了好幾年了：「請注意，由於目前新冠疫情、以及額外劇增工作量的關係，我們可能會需要較長的時間以處理您的需求。」

另外還有人將自己最佳化到一種程度是，如果他們沒有三不五時去看Apple Watch智慧手錶，就會不知道自己的脈搏到底還有沒有在跳動。如果你走在路上遇到他們、但超車超得不夠快的話，就一定會聽到他們說：「我今天已經走一萬步了！」那他們今天就可以允許自己去員工餐廳裡買一條標價過高、熱量和糖分比麥當勞餐點還高的健康能量棒——但是純素、而且是公平交易的喔！

對於那些已經說了「受不了這份工作」好幾年、但因為已經訂好下一次旅行假期所以必須留下來賺錢的人而言，上述那些同事也扮演著很棒的心靈支持。他們喜歡幫那些受不了的人畫圓餅圖，然後標上「熱情」、「任務」跟「專業」，這樣你就可以在中間寫上「目的」

了喔。但如果你還是不知道自己到底為什麼要如此對待自己，那麼，東尼．羅賓斯（Tony Robbins）的播客（Podcast）節目或神經語言學課程可能可以幫得上忙。

撐住，不要抓狂

很多上司、同事或甚至是商業夥伴都不太好搞，但他們現在就在那裡啊！如果你想要生存的話，最好學會怎麼處理這些討厭鬼，好讓自己不要抓狂。這本書補充並更深入討論我在前作《我只想做好自己的工作》（*Ich will doch nur meinen Job machen*；二〇二二年由Redline Verlag出版）中提供的指南，會幫助你達成這項目標。書中以幽默的口吻描述為什麼我們在職場上不必永遠都在拯救世界或跟所有人當朋友，主題圍繞著那些經常將現代職業生活搞得很討人厭的人。雖然那些討厭鬼可能也不是有意要這麼做的，但不管立意再怎麼良善都不是藉口，只是讓我們知道可以從哪裡下手、開始尋找解決方法。

除此之外，你也可以將我的方法與建議套用到私人生活中，因為大家應該也有一些父母、伴侶、孩子或朋友有時候也很惱人。更重要的是，如果你自己感覺到別人有時候好像會覺得你是個討厭鬼，你也可以在這本書中找到促進個人成長的小訣竅。

事實上，個人目標改變是非常正常的事。我們在二十五、六歲時，可能還會認為成功的定義是有一間內裝別緻、窗景優美的辦公室，然後三不五時坐商務艙出差、去加勒比海度假，再戴上跟饒舌歌手阿姆（Eminem）一樣的勞力士（Rolex）黃金手錶。但到了三十五、六歲時，我們學到：只要能夠自己一個人獨自擁有安靜的十五分鐘、不受任何人叨擾，那就已經是天大的奢侈了！沒有收到老闆用電子郵件寄來的指令、沒有小孩哭著打來要你安撫、下班後沒有伴侶跟你抱怨你自己今天也才剛遇到的相同問題。然後，回家後不用像在辦公室裡一樣，有壓力必須處理那些科技相關的問題：「你沒有更新印表機驅動程式嗎？為什麼Wi-Fi掛掉了？我們才剛重新安裝耶！」我們變得愈來愈謙虛——那有時候只是「消磨殆盡」比較好聽的說法。

你可能已經知道某些性格及行為類型學理論。在無數種理論當中，著名的例子包括邁爾斯—布里格斯（Myers-Briggs）的十六型人格分類，其原型是榮格（Carl Gustav Jung）的九型人格學，或DISC四種人格分析，所有人資專員一定都還把這些資料存在某個Excel表格裡以防萬一。有些人如果吃了很多苦，也會用十二星座：「絕對不要再找雙魚老闆了！情緒上超黏人、講話語氣超憂鬱，一次就夠了！」或者「還是比天秤好啦，天秤的決策能力超級弱，控制欲又很強！」

你在這本書當中會認識七種不同類型的討厭鬼，從軟弱又愛抱怨的人到孤僻又有一堆見解的人都有，分類的基礎是美國職場教練兼作家布魯斯・施奈德（Bruce D. Schneider）的研究。我分別在洛杉磯和芝加哥跟隨他、完成我自己的訓練。可惜的是，他的著作[3]目前還沒有德文版，但如果英文夠好的話，我會推薦大家去讀他的書當作背景知識，但也不是必讀啦，我這本書的內容是獨立的，不需要其他額外的解釋。

那現在就讓我們一起去認識、理解我們身邊的討厭鬼吧！這樣一來，你會更懂得如何區分他們、處理他們，或許甚至還可以打贏他們、造福自己。如今，「去你的俱樂部」日益壯大，大家只想做自己的工作、不想一直被煩，才可以安穩地過好自己的生活，是時候成為他們的一員了，這樣即使其他人全都抓狂瘋掉，你也有辦法保持理智！

阿提拉・亞爾伯特

---

3 布魯斯・施奈德的著作如下：《Energy Leadership: Transforming Your Workplace and Your Life》（二〇〇七）；《Uncovering the Life of Your Dreams: An Enlightening Story》（二〇一八）；《Energy Leadership: The 7 Level Framework for Mastery In Life and Business》（二〇二二）。

為什麼那些討厭鬼這麼煩人

你必須一直去考慮他們、理解所有人、肯定所有人，然後調整自己的生活去配合他們。光是傾聽這件事就如此耗時又費力！為什麼討厭鬼讓人感到如此心累？為什麼劃清界線很重要？

情況好的時候，你可以很寬宏大量、美化一切，或甚至是在最糟糕的討厭鬼當中，你或許依然能夠發現一些忠於自我的可愛角色，他們只是「很有個人特色」、「很特別」，然後「與眾不同」。你寬容地想說：「他不是那個意思啦！他只是有一些小缺點罷了。」不過，情況不好的時候，你被壓得喘不過氣、很困惑、很疲憊時，那些討厭鬼就是額外的負擔了。他們會不停地哀哀叫、挑釁地指責攻擊你，或是拿他們對於世界應該長怎樣的草率淺見來吵你，這些都會讓你覺得很煩。雖然你還有很多事要做，或是想要休息一下，但你不行，你必須去考慮他們、理解所有人、肯定所有人，然後調整自己的生活去配合他們。光是傾聽這件事就如此耗時又費力！

舉例來說，大家可能已經聽過坐在旁邊那個不快樂的同事抱怨「我再也受不了這裡」一百次了，他們在「考慮」找新工作，但卻從來沒有採取任何相關行動，很快地，你就會自己絕望地在找新工作的履歷中寫道：「主要是想要找回平靜！」或是如果團隊中有人跟你秉持不同意見，在那邊說：「這裡就像東德或北韓，根本不准任何人說任何話了嘛！」你也必須有魄力地客觀回覆：「你的樣本最後可能不會出現在電視上或專屬的YouTube頻道喔，而是監獄裡。」至於那個面色蒼白的同事，他無時無刻不在擔心氣候變遷要毀滅世界了，你可以回他說：「根據歷史顯示，世界向來活得比那些預測世界末日的人還久。」

但最近這幾年以來，我們大家都必須學會如何對討厭鬼更有耐心。事實上，很多人即使已經讀過公立學校、有職業學校或甚至大學學位了，依然堅信地球是平的、只有男女兩種性別（其實有無數種），然後病毒和細菌只是大眾想像、所以接種疫苗沒有意義——我們很少人有心理準備會遇到這些事。此外，違反一切物理和經濟原理、能夠利用憑空冒出來的電力供應全國用電需求的神祕能量來源又再度流行了起來，堪比昔日永動機的盛況。現在，人們將五年級的學校教材視為大膽的理論，也難怪有這麼多人把「人生學校」列為他們的最高資歷，而且還以此感到驕傲不已。

早期網路剛出現的時候，許多使用者還會怕私密裸照外流、於網路上散播。如今卻有很多人有意地公開裸體，這樣一來，他們的照片或許可以變成一種賠償，賺來一小筆相當不錯的賠償金。

很多事情都取決於個人詮釋。好比說，如果一個人必須以不準確的文法性別來書寫德文，那他算是在傳教、投機取巧，還是務實主義者呢？或許他只是文法和理解能力比較弱，所以以為「Mitarbeiter」（陽性；同事）跟「Mitarbeitende」（中性；共事者）是可以互換的同義詞，即使前者代表的是固定的共事關係，後者指的則是當下進行中的合作。也有一些人認為「Arzt」（陽性；醫生）跟「ärztliche Fachperson」（中性；醫務人員）在語言上是對等的詞彙，但後者比較公正。不論如何，在這種情況下，你會很慶幸如果你能先有個心理準備，然後清楚知道自己必須格外小心且嚴謹地檢視文內的其他所有資訊才行。

一般而言，那些自稱可以讓世界變得更好的人，屬於目前討厭鬼排行榜中最前面的一群，而一如往常地，所有的公司現在都加入這個行列了。我最近很驚訝地讀到「多元共融」

（Diversity & Inclusion）的哲學已經深植於可口可樂公司（Coca-Cola）長達「數十年」[4]了，那是什麼意思？將一群口味奇怪、覺得櫻桃香草可樂是個好點子的人整合在一起？然後M&M在他們的巧克力裡加入一些紫色染料，這也代表「包容共融」，這樣的勇氣真是令人肅然起敬啊！

我們聽到人家在說應該要有更多女性加入傳統以男性為主的職業，像是成為技術總監、機械工程師或程式設計師，但講這些話的人主要仍是那些自己不想做這些工作的女性。身為機會平等特派員、多元化顧問或性別研究教授，這些人倒是很喜歡給別人好建議。這並不是假裝在意或偽善喔，而是在執行團結一致的目標——誰都不該奪走那些願意做這些工作的人的機會！那正是為什麼他們自己寧可去企業或大學裡做舒適的工作，也不要自己開公司，這樣一來，其他人才會有更多機會開資訊工程新創公司。事實上，他們應該要盡快成立這些新創公司，這些機會才不會總是留給那些「鞏固權力結構」的人，正如道路建設或國防等領域中的情況那樣。於是，在主題為「雇主為平等發聲」的活動中，只有女性坐在檯上互相稱讚彼此的「女性網絡」，這樣才合理嘛。帶有性別歧視意味的小團體絕對沒問題——藉由排擠達到共融！

我們可以在這些事情當中看到許多幽默的地方。我注意到一位在銀行工作的朋友戴著一條手腕帶。「這是『團結手環』。」他看了它一眼之後，神祕兮兮地微笑著說：「它是用塑膠廢料做的，他們把武器熔掉後留下來的扣件。」事實上，我後來在網站上看到，那個手環有十七種顏色，分別代表不同目標，從氣候保護到性別平等都有。兩條手腕帶四十歐元，是在尼泊爾生產、運送過來的。我們馬上就看懂了，這些手環確實很有可能來自塑料或武器製造商，他們的行銷文案和新聞稿只需要稍微調整一下即可。

當然啦，我們不可能同時討好所有討厭鬼。但我們又仰賴著他們其中的許多人，又或是必須先主動聯繫他們，像如果某位雇主突然在徵才廣告中親密地使用名字作為稱謂，你應該如何反應？或是完全不認識的人資經理和部門經理用「你」（du）稱呼你，搞得好像只有十歲、不知道陌生成年人之間有特定的稱謂用法？[5]那如果某個徵才廣告宣稱週一至週日、早上五點半到晚上十一點十五分之間的輪班制度是「規劃良好的生活」，你又該如何回應呢？裝傻，然後說感謝提供「如此充滿活力的環境與變化多端的工作」嗎？

---

4 https://www.facebook.com/20min/posts/die-diversity-inclusion-philosophie-ist-bei-coca-cola-tief-verankert-kommunikati/10158848803319 57/

5 編注：德文的「Du」與「Sie」皆可用來表達「你」，du用於朋友、親人、小孩之間比較輕鬆，Sie是比較正式的場合，或是以敬語使用。

首先，我們必須先跳脫特定個案、瞭解討厭鬼到底為什麼讓人這麼有壓力。一旦你搞懂這些之後，就會知道為什麼我們未來必須針對他們劃定更嚴格的界線，以保護自己。接下來，你就能夠開始專注於自己的目標了。

更瞭解自己的價值觀與信念

「哪種討厭鬼讓你覺得特別惱人」這件事向來能夠闡述你的個人價值觀與信念。通常我們會先看到大家拒絕所有極端的觀點，在面對來自各方、想要以侵入的方式改變我們的信念時，我們會進行自我防衛。如今，「健全人類悟性」（der gesunde Menschenverstand）已經變得愈來愈少，甚至有點不合時宜了。但根據德國哲學家伊曼努爾．康德（Immanuel Kant；一七二四至一八〇四年）的說法，健全的人類悟性是「健康人類的一般心智」，進而被證實為天生判斷力的一種形式。

討人厭的原因一：世界永遠繞著他們轉

有時候我們可能會先被騙一下。例如說，你同事突然斷然地改掉「Kiew」、換用「Kyiv」[6]來指稱基輔，並在LinkedIn上發表火藥味很重的貼文，你的第一個想法應該是：「咦？他從來沒去過烏克蘭、對他們的歷史一無所知、不懂他們的語言也搞不清楚當地的情況，而且對他們一向興趣缺缺。但這整件事大概真的影響到他了吧？說不定他很開心終於可以支持重新武裝和國族主義了，以前都必須反對這些想法。」如果你這麼想的話，那就大錯特錯、過度解釋了。

討厭鬼都是利己主義者，他們第一個想到的永遠是自己的需求和觀點，就算他們可能會呈現出不同的模樣。有時候你可以馬上看得出來，因為跟你說話的那個人一直在講他們自己的事，屬於接下來各章節裡談到的第一到三類討厭鬼。另外有些人會去推動別人、新措施或新點子，因為那些事對他們而言很重要。這種屬於第四到七類討厭鬼，他們跟前面那些人一樣，只是比較不容易辨認出來，但他們把所有事都攬下來變成自己的事，好讓世界繞著他們轉。

6 譯注：前者源自俄語，後者源自烏克蘭語。

基本上，這些都是人性，沒有人應該因此受到大眾譴責，但當你瞭解這些討厭鬼之後，下次他們跑來索求你的憐憫、正義感或助人之心的時候，你就不會那麼震驚或毫無防備了。他們的計謀就是把自己放在最前面，並利用你來讓他們達到這個目的。這並不代表你必須拒絕所有事，但你可以看情況，根據自己所希望、所能夠做到的範圍去做決定。

討人厭的原因二：超級耗時又費力

或許你兩年前為了要請假出去玩，或甚至是已經訂了那天殺的遊輪、而且還玩得很開心而必須努力為自己辯解。或許你曾經跟朋友討論過為什麼你不能接受某位王子的邀約、坐遊艇出去玩兩個星期，因為，很可惜地，跟環保鬥士格蕾塔不同，你的旅行必須更有效率才行。如今，當初跟你說冷藏運送液化天然氣有多棒的那些人，正坐著油船從美國過來。反正你不要去問你可不可以在免於非難的情況下坐長官的船艙就好了！

處理討厭鬼既耗時又費力，而且又無法從中獲得什麼。你只會在滑臉書動態回顧的時候才回想起來：「萊拉（Layla）、溫尼透（Winnetou）……天啊！我們之前爭論過這件事。」或許你甚至可能會想起來自己之前必須將一、兩個聯絡人噤聲或徹底移除，這樣才終於可以獲得寧靜。你當時在工作上或私生活中還有哪些事不能做呢？搞不好就連飛行執照或開船駕照都在清單上！

如果你必須處理討厭鬼的話，不管是哪一種類型的討厭鬼，你都應該要時時謹慎思考：跟他們起衝突值不值得？我必須付出什麼成本？我之後會因此錯失什麼？我們在這本書中討論到不同的策略，好遠離那些讓人壓力很大的人、消除他們帶來的影響，或甚至說服他們。如此一來，你不但會成為善於調解、堪為模範的和平天使，更能有效節省時間和精力，可以把它們用在其他更好的地方。

討人厭的原因三：啥事都沒做

一般來說，我們可以發現，討厭鬼很少做完什麼事。如果有人必須先寫一篇七百字的指南、把它放在個人網頁上告訴大家該如何稱呼他們，那他們根本不可能會有什麼事業，更別說要成立公司了。「我的代名詞是『em』或不用任何代名詞。為了有禮貌地使用文法性別，遇到名詞、冠詞及形容詞時，請以『_』或『*』拼音。請在我的名字結尾處標上底線以『去二元化』。」

當然啦，大家都可以訂定自己的優先順序，但正如我們前面稍微提過的，討厭鬼總是會把自己排在最前面的位置。如果你跟他是同事、必須跟他一起做事的話，那就會有問題了。於是，你沒有取得任何需要的資訊，反而聽到一大段關於個人敏感度、冗長而無聊的說教：「請以『非二元新代詞』稱呼我，不要用『x』或『ecs』（脫離性別分類）。最好請對我說『em』，那是我目前最喜歡的用詞。」這時候，要是你自己工作的話，早就已經把事情都做完了。

效率並不總是人生中唯一的重點。我們在職場上、私生活中的所有關係裡，都必須調整、順應其他人，並且接受某些事情。但到最後，真正重要的是，一切整體來說是否行得通、之後的挑戰是否有人去處理，然後相關的任務是否能夠完成。討厭鬼的「資產負債表」看起來並不太好。從你的角度來看，這就代表你必須針對每一件個案來決定你可以接受到什麼程度、到哪個境地會開始產生反效果，或甚至讓情況陷入危險之中。

討人厭的原因四：事情開始變得了無新意

我們大家都會降服於驚奇、新鮮事物的誘惑。行銷部門、編輯團隊及運動份子之前只是在讚頌體態豐腴的名人，像是愛黛兒（Adele）、麗珠（Lizzo）與瑞貝爾・威爾森（Rebel Wilson），將她們視為象徵解放、打破禁忌的新興榜樣，而在這個情況下，健康考量便必須退居第二。可惜的是，這些備受擁戴、身材凹凸有致的明星後來就背叛了這場「身體自愛運動」（Body-Positivity-Bewegung）開始減重，而這個行為本身就已經算是介於自我賦權與背叛之間，但反正至少人們還是可以從那些批評當中建構出另一種變相的「身體羞辱」，改而針對身材苗條的人。

但當然啦，一個東西要同時令人渴望又讓人反感，還要非常特別又完全正常，這終究是不可能的事。於是，觀眾在某個時間點就會開始覺得無聊、厭倦，然後轉移注意力，而這對討厭鬼而言正是終極處罰，尤其因為那些標準本來就是為了順應而被硬掰成這樣的。人們依然從未覺得胖男人很「好看」、很「勇敢」，而是貪婪、懶惰、對妻子不體貼的形象，也因此，這些女性不管體態如何，都應該受人渴望。

如果你完全沒有參與任何討厭鬼的遊戲，也就是吸引別人的注意力、然後想盡辦法抓住它們，那你也不需要對這個馬戲團產生任何興趣。我們稍後會談到他們的伎倆（讓你覺得有罪惡感）。當你愈清楚自己喜歡什麼、什麼才是重要的，那你就愈不會受人操縱。像是不管你認為胖子、瘦子或中等身材的人比較有魅力，或是這件事其實對你來說並不是那麼重要，也囊括在這個概念當中。

討人厭的原因五：他們對你情緒勒索

其實討厭鬼真正有權力能控制你的情況相當罕見。即使是你的上司，假如你已經準備好要做些改變了，那他們也只能夠威脅你到某種程度。理論上來說，你根本不需要遵守離職告知期間的規定，大可以冷酷地說：「你們自己去找人來替代我吧！我從明天開始就不會在這裡了。」他們又能怎樣？叫你明天早上去家裡接他？最壞的情況就是你把剩下未履行合約期間的薪水還給他們而已——你終於獲得自由了，這只不過是小小的代價罷了！

討厭鬼的力量主要是情緒上的，他們會利用你的善意、責任心、恐懼、擔憂與希望。綜合每一種類型的討厭鬼的專長，整張情緒清單包括了誘使你伸出援手的抱怨、促使你抱怨的威脅，或是邀請你加入你原本曾經感興趣的計畫。剛開始，你或多或少會被說服，但很快地，你就會感受到壓力以及被操控的感覺，到最後，他們會說是你自己「想要這樣的」！

如果你能夠認知到自己之前是在什麼時候特別脆弱，或是有什麼弱點可以被討厭鬼利用，那你就可以讓自己從上述的情況中獲得釋放。這端看你身處的情況是什麼，可能是你過度依賴目前的雇主，那麼，你就多投一些履歷、定期參加職場社交活動，或是自己經營一些兼職的工作，以此創造更多選項來減少你對雇主的依賴。如果你常常渴望被別人喜歡、接納，那我們也有其他方法可以來解決這種情況。

討人厭的原因六：他們又超級敏感

你還記得素食主義者、果實主義者和純素主義者想要告解、傳教的時候的惱人模樣嗎（在我們的分類裡的第六類討厭鬼）？由於高度通貨膨脹，現在會去昂貴的有機商店和小農商店的人甚至比以前更少了，但有些人還是繼續吞食純素漢堡，只是改買佩尼超市（Penny）的「未來食物」（Food For Future），然後說服自己這些食品科技的傑作，像是彩色豆泥、芥花籽油、水解澱粉與纖維素，不管怎樣就是比較天然、健康。

這些討厭鬼還有另一個顯著的特點：他們可以不顧別人感受地一直說自己的想法，但自己又超級敏感。有些純素主義者堅持不用碰過肉類的盤子，就算盤子再乾淨也不行；除此之外，神祕力量可以透過純觸碰進行傳遞的概念，只有在猶太教正統派和天主教聖物的脈絡中聽過吧。

針對他人敏感的事物，你一定多少會表示體諒。我們不想要一直跟別人爭執，或不必要地去傷害別人，但有時候我們必須講清楚、劃定明確界線，即使你可能因此傷害他們一次（長遠來看，這通常是在幫他們）。加州和印度的宗教導師喜歡說：「重要的並不是別人說了什麼，而是我如何反應。」不過這些人很聰明，他們都是自雇的獨資經營業主，這樣一來，很多事情就再也不關他們的事了。

討人厭的原因七：他們的惱人從不間斷

不幸的是，討厭鬼永遠不會滿足，要不然他們就再也沒有理由要求別人關注了。在我們這邊，市政府禁止公開轉播二〇二二年世界盃足球賽，目的是為了向主辦國表示抗議。那些覺得主辦國其實很棒的人馬上就跳出來抱怨了。一名讀者向我們的當地報紙投訴道：「我覺得他們好像又覺得自己在保護我們了。可以的話，我很希望可以透過拒絕去轉播棚的方式，向主辦單位表達我自己對卡達世界盃的想法。」他想要在公開場合表達自己高尚道德的夢想，就這樣被殘酷地剝奪了！

一旦你同意那些討厭鬼，然後不再去注意他們了，他們反應是失望，並馬上尋找下一個理由去煩別人，因為雖然當下這個議題對他們來說似乎非常重要，但驅動他們的，其實是埋藏在背後更深處的不滿。他們會變成這樣，是由某種個人需求使然，而他們透過不斷去煩別人的方式來表達該需求。他們並不是因為某件事情對他們不利而不快樂，反而是因為他們不快樂，所以才會一直有對他們不利的事情產生。

現在，讓你的溝通變得更有效的機會來了。或許你之前會以「事實導向」的方式討論事情，換句話說，你在面對討厭鬼時會拿出事實和自己的想法。但現在你已經知道了，對他們而言，重點從來就不是某件事情，而是他們本身。那些抱怨其實毫無意義，反而是如果你能夠釐清討厭鬼真正的需求，那你就可以幫他們一點忙，並進一步把他們拉到同一陣線或甚至成為朋友。

學會更加瞭解討厭鬼

接下來的章節中，你將會認識並瞭解到七種透過不同方式讓人倍感壓力的討厭鬼類型。其中，有些人藉由抱怨讓你感到抑鬱，有些人愛爭辯的天性把你搞得精疲力竭，或是因為缺乏動力而讓你覺得很煩。你在工作上或私人生活中一定都曾經遇過這七種類型的討厭鬼。

「我遇過耶……」你三不五時就會這樣想：「可以不用再回來了，沒關係！」可是你還是會一個一個去比較的。

這本書根據他們的「能量」從小到大進行排序，或更精確來說，是根據他們的「自我效能」編排，也就是他們自己克服挑戰的能力：從「軟弱的抱怨者」（第一類）——扮演經典的能量吸血鬼，讓人精疲力竭，到「孤僻又有一堆見解的人」（第七類）——雖然能激勵他人，但又以不同方式令人討厭。數字愈大，代表這個討厭鬼在擔任老闆、同事或商業夥伴的角色時，讓我們覺得更有辦法忍受，因為他們更有能力反省自己的行為，甚至當他們願意時，也可以改變自己的行為。

接下來，請依照各章節的描述，來判斷你周遭的人最接近哪一種類型，這樣你就可以知道讓他們變成這樣的真正原因是什麼、哪些策略可以治得了他們，甚至可以學到如何將他們變成朋友。畢竟，到頭來，雖然我用了各種幽默的方式進行描述，但真正的重點在於我們該如何在保有理智的情況下與別人相處，而且人愈多愈好，因為我們總不可能一直換工作嘛，而且我們自己也不是完美的。

長遠來說，你會發現真正心存惡意的討厭鬼其實少之又少，大部分的情況是，從來沒有人坦白地跟他們說他們很討人厭，或者是過去別人的批評方式從未有效地讓他們思考、接受。雖然這聽起來很矛盾，但不管是要直說或有效批評，你都必須先讓人覺得你其實是尊重他們、接受他們真實的模樣的。

唯有當人們確定自己不需要在你面前捍衛自己時，溫柔、有分寸的批評才能夠發揮作用。假如你可以讓對方認為你是站在他們那一邊的、你理解他們，並真心地希望他們好，這時候，你所說的話才不會讓人覺得是批評、以致於對方不予理會，反而是對他們自己有利的寶貴建議，可以幫助他們變得更好、更成功。於是，你就不再是批評者了，而是他們的導師與朋友。

「在面對人的時候，務必切記，我們在處理的並不是什麼有邏輯的生物，而是充滿情感、偏見、驕傲與虛榮心的生物。」美國溝通與勵志教練戴爾・卡內基（Dale Carnegie）在他於一九三六年出版的經典著作《如何贏取友誼》（*Wie man Freunde gewinnt*）中寫道：「每個笨蛋都可以發出批評、譴責、抱怨，而大多數的笨蛋也都會這麼做，但為了達到理解與原諒，你需要有個性與自制力。」而那自然是我們大家的目標。

務必優先處理討厭鬼的情緒需求

千萬不要嘗試以客觀的方式説服討厭鬼。例如，跟愛抱怨的同事説，他大可以去找一份更好的工作啊，或是在「拯救世界」的行程中，讓缺乏道德感的老闆，有機會先對他的公司大發一番牢騷。除了受辱之後態度變得更硬且毫無成果的爭論之外，你什麼也無法達成。但如果你每次都能理解並處理討厭鬼的情緒需求，那你就可以往前推進。好比説，有人強烈渴望別人的認可，那在這項需求獲得滿足之後，對方或許就會願意敞開心胸進行就事論事的討論。但在此之前，你就只是在浪費自己的時間而已。

第一類討厭鬼：永遠的受害者——就算他們根本沒什麼好抱怨的

不斷抱怨、從未真正做過什麼改變：這一類討厭鬼藉由展演無助使人厭煩，雖然他們其實有機會改善自己的處境，但他們缺乏個人責任感與一致性。

從近年來人們對於公平正義的辯論之中，我們已經知道公司上層之中最大宗的抱怨是什麼了。如果一個四十五歲的人還沒有進入董事會的話，那他顯然就是體制的受害者，需要尋求立法機關的幫助。到最後，人們會開始討論，每天都要去上班並同時養育一、兩個小孩，是一件多麼不合理的事，甚至如果是居家工作的話，更要同時面對這兩種情況。舉例來說，在疫情封城期間，工人與匠人對於中午能不能去烘焙坊或小吃店加熱午餐、或能不能去上廁所的煩惱，似乎就變得再也不那麼重要了。反正他們本來就不想要追求生涯發展了嘛，也從來沒有小孩，那性別配額或甚至是過多的公眾憐憫對他們而言也是不必要的。這個道理也可以套用到那些願意暴露於風險之中、在德國社會民主黨（Sozialdemokratische Partei Deutschlands，SPD）眼裡已經算是有錢人的個體與小型企業主身上。而企業部門與公部門的情況則截然不同，後者永遠沒有足夠的資源，可以透過額外法規及重新分配來創造更多公平正義。如果大家都把自己放在首位、先為自己負責，那我們會變成什麼樣子呢？我們的國家大概會變得比現在更加冷漠、更不公平，即使我們擁有世界上最高度的官僚體制與稅金也一樣。畢竟，如果是那樣的話，大家就必須在沒有國家支持的情況下與伴侶達成共識，政治與社會自由便會因此倒退三十年，而學校教育也會變得不可行。事實上，我們大家全都是受害者。

被他們無止盡的抱怨搞得很抑鬱

我們大家都遇過一種人：他們一直不斷地抱怨，但卻不太採取任何行動去改變那些應該已經「再也無法忍受」的情況。剛開始你會同情他們，因為你看到他們真的過得不好，也知道他們的處境很難去做什麼改變。於是，你會給他們一些好的建議和幫助，像是幫忙接手他們的部分工作或給他們錢。但過了一段時間之後，你會開始生氣，因為不管你做了多少努力，事情似乎完全沒有任何改善。這就是在面對第一類討厭鬼時會碰到的情況——永遠的受害者。他們把別人搞得很抑鬱的方式就是不停地抱怨，但自己似乎又執意要繼續過這樣的生活。而他們身邊的人似乎只有兩種選擇：為了他們把自己累死，或是放棄、讓他們自生自滅。但這兩種方式都會讓人壓力很大，有時候會讓我們想要乾脆切斷所有接觸。

永遠的受害者簡介（第一類）：把自己想得比現實更無助

這類討厭鬼表面上看起來非常忙碌，但其實很被動。他們主要是針對別人的要求和希望做反應，不斷抱怨自己的處境，但卻不太採取任何行動（反正我也改變不了什麼。），在那邊等待事情自己好轉。其中，典型的情況是，這些人已經長期處於精疲力竭的狀態，再也不相信他們可以做出任何改變了。他們的解釋常常聽起來很無助、不得不接受，而他們的作為毫無目的性，也非常混亂。在這種情況中，最痛苦的人是他們自己，因為他們並不那麼成功，身上所承受的事也超出必要範圍。不過，以長遠來看，他們對周遭的人而言也是頗大的負擔。

好的一面：他們通常只會妨礙到自己。

壞的一面：令人難以忍受地瘋狂抱怨。

討人厭的原因：從別人的角度來看，他們不斷抱怨的情況，大部分都是他們咎由自取，而且只要稍微努力一下，很容易就可以解決了。

最佳對抗策略：記住，如果他們不為自己負責，事情只會繼續維持現狀。等他們採取主動作為時，再出手幫助即可。

這類討厭鬼之所以討人厭，是因為他們會一直重複抱怨同樣的事，對象包括除了他們本身以外的所有人，還有像是「社會」或「體制」等整體情境，但與此同時，這些抱怨又毫無成效。大家剛開始會抱持著理解與同理的心去傾聽他們的怨言，也會想要幫助他們，但很快就會想說：「可是別人的處境更糟耶。你只需要稍微做一些變動，或是到最後如果必要的話，做出一些老早就該做的決定就好了啊。」不過，永遠的受害者寧可再次重複解釋為什麼這些方法都行不通，還有為什麼都是其他人的錯，包括他們的爸媽、老闆和同事、全天下的雇主，或是一般老百姓。一旦人們將自己人生的責任「外包」出去，並宣稱那是其他所有人的責任時，那他們真的也只剩下這句話可以說了：「我應該做什麼呢？這一切都毫無意義啊。」於是，某種令人抑鬱的氛圍，就會悄悄地逐漸散播開來，通常幾乎堪比末日情緒，似乎一切都糟糕透頂。

迅速讓自己超出負荷

說到這裡，讓我想起我輔導的客戶勞爾夫（Ralph）。有一個前同事讓他覺得很煩，每次只要他用WhatsApp跟對方稍微打個招呼，他就知道她的回覆一定會是抱怨新工作有多爛。「我真的累壞了。完全受不了他們對待我們的方式耶。」她每次都會回答類似的話：「員工太少、老闆完全無能，然後我又必須處理所有的事，我很快就要辭職了。」打從他們剛認識時，情況就一直是這樣。幾個月後，他又問對方當時的情況怎麼樣了，而他收到的回覆是：「我沒日沒夜地待在辦公室裡，事情不能再繼續這樣下去了，這真是一場惡夢！」

剛開始，勞爾夫滿懷同情地關懷對方，安慰她、給她建議。「但不管我建議她什麼，都『不可能行得通』，或是她已經想過這個可能了，但還是想要『等等看』。」從他們五年前在同一間公司工作、認識以來，她現在已經換到第三家公司了。「她不管到哪裡都在抱怨一樣的事，事情不可能這麼湊巧吧。」雖然勞爾夫喜歡她，但他開始考慮斷絕跟對方的所有聯繫。他表示：「她正在把我一起拖下去。」但他又覺得這麼做有些太自私了。

當時，對方告訴勞爾夫，自己當初會從原公司辭職，是因為前雇主薪水給得太少、沒有提供任何發展機會、只是在利用她。但他很快就開始懷疑對方的說法：「跟我們其他人比起來，她的工作沒有比較難或比較多啊，但她一直把其他同事拉到她的專案裡，因為她的專案好像應該特別重要、特別急迫。她會一直不斷抱怨，直到有人終於被煩到出手幫她，但其實他們自己的工作也已經有夠多了。她有時候會在辦公室待到很晚，但她做出來的東西其實很凌亂難懂。」

面對這種情況，勞爾夫很難置之度外：「如果有人向我尋求建議或幫助，我就會想要幫忙。」而他的同理心與樂於助人的情懷，使他一而再、再而三地將自己的工作擱置一旁、優先處理對方的工作，「然後我自己的案子就必須請求改期或超時工作。」很快地，他就默默地被說服，覺得對方的職位內容超出她的負荷量，但他不敢這樣跟她說，反而傾向附和對方：「真是太誇張了」、「真的不可能辦到耶」。然而，他發現自己後來變得跟她愈來愈像：「後來我也開始一直抱怨，抱怨我們的老闆、同事，還有公司。只要有心，到處都可以挑出毛病。」最後，對方還在試用期就提離職了，因為她好像找到更適合的雇主了。他們兩人還是稍微保持一些聯絡，但勞爾夫很快又聽到熟悉的消息：「你無法想像這裡又發生什麼事了！我必須找新工作。」

連總裁自己都有很多東西可以抱怨

必須承認，今天不管我們走到哪裡都會聽到抱怨。當一位總裁必須裁員時，他就再也無法充滿尊嚴地執行這項令人不悅的任務了，他必須先在LinkedIn上發一篇帶著哭腔的文：「這絕對是我發過最私密、最脆弱而赤裸的文，要公開這件事讓我感到相當懼怕。」而丟了工作的同事勢必得寫一些充滿同理心的留言回覆來安慰他——雖然他的薪水上百萬，但他依然將所有事擔到自己肩上，並保有初衷、忠於自己。因為金錢並不能讓人快樂啊，任何擁有足夠財富的人都知道這個道理，但一般職員常常缺乏對這件事的靈敏度。

其他層級的情況也一樣。當世界各地因為新冠疫情而開始居家辦公時，那些之前曾經抱怨強制進辦公室很落伍的人，又第一個跳出來抱怨道：「我們的團隊變得分崩離析，根本就不可能交流了！」有些人在坐公車或火車把電腦運回家的路上，拍了充滿控訴意味的照片上傳到臉書，隨後出現的抱怨包括在家工作有多麼孤單、伴侶和小孩有多麼惱人，還有Zoom的連線問題、太多會議等等。而當大家再次回到辦公室時，又有新的怨言出現：「公司完全沒有學到任何東西耶！」

大家都知道，抱怨最大聲的人，他們的問題不見得是最嚴重的。根據一些進步的自白文獻和推特內容，我們發現，在大都市裡任職於大學、企業或從事顧問等工作的學者，是我們體制中最大的受害者。首先，我們必須搞懂資本主義的優點，才有辦法知道我們無法從資本主義得到什麼。換句話說，唯有坐在有冷氣的開放式辦公室裡，我們才會赫然發現，在家務和撫養我們自己的小孩方面，還有多麼龐大的部分是國家（也就是其他人）尚未支付的。即使你想要為此在部落格上發一篇文、大發一番牢騷，你根本也沒有足夠的時間去做這件事。

於是，即使我們可以開車回去那間坐擁公園窗景、舊屋翻新的住家，一年可以坐飛機去度假兩次，卻仍被隱形的鏈子綁住。就算你人在峇厘島，但只要你的iPhone突然收到老闆寄來的電子郵件，你就也不算是真的自由，不過，你一定會發現，這種生活方式正是別人的夢想。確實，在我們父母的年代，他們通常仍要每週工作六天、四十八小時，或許甚至連一台洗衣機都沒有，但因為他們不知道還有什麼其他可能的模式，就不可能因此感到痛苦，也難怪當今的大家會覺得自己累壞了。

覺得毫無機會改善自己的處境

永遠的受害者相信自己沒有什麼機會，也無力對抗其他人與現況。而讓他如此確信的真相確實無可爭辯，但同時又是非常偏頗、特定的理解。舉例來說，他可能投了很多履歷都沒有成功，或是他周遭的人也遇到類似的問題，於是，他就開始限縮自己、只會抱怨，因為別人的鼓勵和同情至少能為他帶來一些力量。就連簡單的工作都令他感到消耗，所以那些工作通常都沒有辦法完成；即使這些問題總有解決辦法，像是再投更多履歷或擴展人際網絡，情況依舊如此。因此，他帶給別人的印象，就是只在意藉口以及自我憐憫，忽略了許多可能的機會，或是太快就放棄、寧可受他人憐憫。

給建議也沒太大幫助

不管你想嘗試為永遠的受害者加油打氣，或是想要幫他、給他實際的建議，這些作法都沒什麼用。他總是會回以聽起來邏輯完美的理由，說你的建議基本上是對的、但很可惜根本無法執行。「要是有這麼簡單就好了」、「我試過了」、「別人試了也行不通」……如果你再拿詳盡的解釋來回應他，並稍微堅持一點，他的反應就會變得愈來愈可憐兮兮，很快地，他就會讓你覺得自己好像在攻擊他，而且是在他已經很低落的時候「跟著別人一起」攻擊他。然後，你就會開始感到愧疚、開始安慰他，並因為自己試圖想要幫忙而向他道歉。與此同時，這一切就會默默地突然變成你的責任，而你的對手現在不用承擔任何責任、樂得無事一身輕，開始跟你索求更好的點子！那就請你再多付出一點囉！

如果你能夠認清這一類的討厭鬼目前無法、也不想改變自己的處境的話，那就很好處理了。他缺乏明確性、決心與毅力，他只期待獲得些許認可與安慰，所以你最多就給他到那裡即可。這會幫你省下很多挫折感，也免得對方覺得自己在讓你失望。只要你不會覺得負擔太大，偶爾聽他抱怨一下就好，大概總結一下你聽到的內容、肯定他一下，例如：「聽起來你的工作量好像總是超負荷，一定很辛苦吧！」這麼說並不代表你同意他說的內容，只是單純讓對方知道你有在聽、你瞭解了。要不然，你就靜靜地等，讓他稍微吃一點苦，他需要這種挫折（心理上的折磨）才終於能夠讓自己振作起來。這不代表你應該要放棄他，只是在等他自己準備好罷了。當他突然開始主動採取一些實際行動（例如投出更多履歷）或甚至向你尋求特定的建議時，你就會注意到了。只有等到那個時候，你才可以出手幫他，千萬不要提早動作。

如果你能夠辨認出永遠的受害者當下的脆弱之處，他就可以成為你的夥伴或甚至是朋友。你可以指出他的特殊強項，讓他知道你看到了、你很欣賞，那就是：即使在很艱難的情況下，他依然能夠尋得力量、盡己所能地過著有序的生活。而光是做到這樣就已經是一種成就了；即使他自己可能沒有意識到，但他正是因為這一點，成為了許多人的模範。他也有辦法忍耐困難的處境（例如：工作上或感情上的危機），而且忍了好一段時間，也沒有一直生氣或公開怪罪別人。這一番認可能夠為他帶來驕傲與尊嚴，以及對你的感激之情。就這樣，你就已經成功向他表達你的理解了。

自信心不足

深埋在永遠的受害者其行為背後的，是他們對自己以及自身能力缺乏自信心。第一類討厭鬼能夠正確辨識出某些事情並沒有那麼簡單，但他們低估了自己所具備的力量。就連很小的事情，像是在會議上或私人對話當中為自己發聲，看起來都像是幾乎無法跨越的門檻。其中的原因通常源自於他們的童年或青春期——或許他們過去必須面對一些痛苦的經驗，好比貶低自己的價值，或是讓自己看起來不如他人堅強，因此，他們長大之後仍然不會挺身捍衛自己。如果想要處理這些影響並克服它們，尋求諮商或輔導都會是不錯的途徑。

需要多加放鬆

或許，你有時候會發現自己對於自身處境有太多的抱怨，卻沒有採取什麼行動來改善它。如果是這樣的話，就盡量先把一些跟別人約好、答應別人要做的事情取消或延後，愈多愈好。讓自己睡眠充足、規劃更多休息與放鬆時間（例如：散步）。每天晚上寫下三件讓你感激的事情，舉凡一頓好吃的飯、跟朋友之間一場具有啟發性的對話……不管看起來再怎麼瑣碎的小事都可以。這麼做會為你帶來新的能量，因為它們能夠提醒你，即使你目前遇到了這些困難，但生活中仍然存在許多美好的事。盡量減少抱怨他人、抱怨自身處境的時間，相反地，把這些時間拿來蒐集點子，看看有什麼方法可以脫離當前的情況。不要馬上就覺得它們都難以執行、或甚至不可能行得通，就去嘗試看看嘛！只要你實際踏出一小步、又一小步，每一步都能帶你再往前一點點，並為你帶來更多希望以及新的力量。到頭來，你的處境其實並不是毫無希望的啊！

改變策略

我的客戶勞爾夫瞭解到，安慰他的前同事、給對方建議根本毫無意義。他這麼做不但像是在騷擾她，也因為對方從來沒有實行任何行動，而把自己搞得相當氣餒。「她當時還沒有準備好，而且也一定低估了自己的發展可能。但我必須接受這件事，我無法說服她，或甚至是強迫她。她必須找到自己的出路、自己的步調。」於是，他決定不要再屈服於自己總是想要幫助他人的情緒了，他說：「我刻意不去回覆抱怨的內容。如果對方沒有問，我就不會給她建議。然後，我也不再把每件事都聽進去了。」對方後來再傳訊息給勞爾夫的時候，他會先快速掃視她的字句、尋找相關資訊。舉例來說，如果她提出想要開會，或是詢問一些技術問題，「我會順著那些話走，然後忽略其他內容」。剛開始勞爾夫很難克服這件事，因為他會覺得自己有點自私、冷血。但令人驚訝的是，對方似乎沒有因此感到失望，反而很高興有人用了不同的、比較正向的語氣跟她說話。「我不必去分析她，」勞爾夫說：「她的人生不是由我來過的，我無法為她做任何決定。」

學習領導技巧

可惜的是，如今不管我們走到哪，大家普遍缺乏個人領導力。像在我住的中產階級社區，我每天都會看到這個現象。其中，在街上、餐廳與咖啡廳裡，有許多四十幾歲、崇尚理想主義的父母正在養育不停尖叫的三歲幼童，而究竟是誰在領導誰，其實非常顯而易見。我可以想像得出來，在這些父母當中，很多人於職場上都擔任著重要職位。如果他們的員工看到他們被一個臭小孩這樣指使來、指使去，然後還會安撫他、給他獎賞，那麼，那些員工做起事來應該會更有信心吧？只要多尖叫一點，並持續忽略一切相反意見，直到對方投降為止！這就是這些小蘿蔔頭之所以能夠打贏每一場意志持久戰的秘訣。

處理永遠的受害者的絕頂妙策：有意識地將責任丟回去

想要透過安慰這一類討厭鬼或親自解決對方的問題，以幫助他們或甚至拯救他們？請把這個想法給忘了吧。他們馬上就會跟你說下一個問題了。你可以做的是將他們的抱怨下一個總結：「你常說……」、「你在每次對話裡都會提到……」。接著，再以開放式提問，將責任交回到他們手上，鼓勵他們做有建設性的反省：「接下來應該怎麼辦呢？」、「你下一步打算做什麼？」。最後，清楚地讓他們知道，這終究是他們自己的責任：「我很期待看你之後會怎麼處理」、「不管怎樣，我都希望你能順順利利！」用這種方式結束話題，其餘的一切就再也不關你的事了。

第二類討厭鬼：頑固的自以為是之人
——別人永遠是錯的

完全不管是否有必要，反正永遠處於攻擊模式：這一類討厭鬼藉由無止盡的侵略性，與自以為無所不知的態度使人厭煩，而埋藏在一切背後的，是死板的觀點，以及他們本身的沒安全感。

隨著社群媒體的出現，我們每一個人都能夠表達自己的想法，而大家當然也都這麼做了。對所有人而言，生活都因此變得愈來愈有趣、令人感到興奮。任何為了賺取標準工資、從未能夠脫離職場生活的人，都可以在推特上批評伊隆．馬斯克，這位PayPal、特斯拉（Tesla）與太空探索科技公司（SpaceX）的創辦人，同時也是世界上最有錢的人，說他「根本完全不知道要怎麼經營公司嘛」！一些在家裡連話語權都沒有的人，在臉書上將世界地圖重新編排一番，表示：「姑且先不把中國納入討論，如果我們現在可以拉住俄羅斯的話，就可以終止大肆擴散的復仇主義，同時保住非洲的原料來源。」

以前，只有少數男性可以在星期日早上的小酌聚會上高談闊論，隨著下肚的葡萄酒愈多、情緒就愈加激昂，但他們也能確信很快就不會有人記得了。如今，全家人都能以「參與」的姿態加入這個活動，並幫忙將證據微弱的大膽假設抬升至公眾領域。老媽已經替許多名人進行遠端診斷，認定他們「顯然擁有自戀型與邊緣型人格障礙」；老爸不只比檯面上的國家隊教練、總理和國防專家更能勝任這些職務，更不可思議的是，他甚至還是德語的捍衛者：「之所以沒有『素食肉沙拉』這個詞勢必有它的原因！」；小孩已經完全跟不上話題了，而且繼「黑人的命也是命」（Black Lives Matter）、「拜五顧未來」與「最後一代」（Letzten Generation）[7]等運動之後，他們開始時而支持、時而反對任何事情，取決於他們當下的心情。

他不爽是因為他覺得自己永遠是對的

很多人不只相信自己在特定議題上永遠是對的（不管什麼議題都一樣），他們更得說服別人同意他才能罷休。如果別人想的跟他們不一樣、沒有肯定他們的觀點，如果別人有自己的想法，或對那個主題根本毫無興趣，他們就會覺得很難受。接著，他們會一直鑽牛角尖、辯論、爭執，甚至直到連家庭關係和長期友誼都被打壞了才肯善罷甘休。這就是第二類討厭鬼——頑固的自以為是之人。他們堅信自己都是對的，只會把其他觀點解釋為無知、愚蠢或妄想。他們用自己對於「傳教」的熱忱來惹惱別人，最重要的是，他們的世界觀非常狹隘、非常死板，而且沒有能力整合其他觀點。

那些自以為無所不知的人之所以惱人，是因為他們具有侵略性又愛爭辯，任何主題都讓他們覺得自己受到召喚、務必大肆表達自己的想法，好能「表明立場」、「選邊站」，並要求別人也要這樣做。但如果你想的跟他們稍微不太一樣，或是根本不想表態，那你各位就要小心了！對這類討厭鬼而言，這象徵著資訊缺乏，或是個性上無法原諒的弱點（沒有態度）。他們對於民主的理解是一種統戰——歡迎表達不同看法，只要它們是同一個看法的變體就行了。最好的情況是，他們會用事實來「傳教」，但這些事實皆源自他們自己的觀點，且只允許一種結論。但你很快就會被歸類為反對者，被他們貶值、羞辱（他真的一點想法都

---

7 譯注：德國環保組織。

沒有！）。他們傾向匆促而決斷地做出瞬間評判，而這也意味著，他們必須不斷回過頭來糾正自己，但他們很少發現自己的這個舉動。

和他的每一個互動都會迅速讓人感到心累

說到這邊，我想分享一下我客戶艾瑞克（Erik）的故事，他在一間管理顧問公司擔任大型客戶管理師。他們公司有一個客戶總是有辦法激怒他，與對方的每一次對話都像是一場苦戰，跟他說話的人就只能等著攻擊他的弱點、以言語擊敗他。他可能會笑笑地、選擇友善的用詞，但就算是不必要的情況，他也總會爭個什麼。雖然艾瑞克不會表現出來，但他覺得要一直躲避陷阱題、挑釁的評論、幽微的威脅，然後即使自己愈來愈不耐煩卻不能激烈反擊，都讓他覺得相當疲憊。「我們又不是對手，大可以簡單、放鬆地一起工作啊，但他總是會把所有事變成一種競爭。」艾瑞克本身確實也喜歡這份工作中某種運動家式的奮鬥精神，但他覺得，當前的情況正在破壞那份精神。

自以為是之人簡介（第二類）：情緒過度反應的鬥士

他們自詡為鬥士，獨自對抗世界上的其他所有人，因為那些人不願意理解他們，或者做什麼都是錯的。相反地，這類討厭鬼知道自己想要什麼、事情應該要怎樣，也知道該怎麼達成目的。光是這樣就已經很強大了，需要意志力與決心。他們通常能夠以侵略性來維護自己，但就長期來看，他們必須為此付出很高的代價。他們會不斷捲入緊張的衝突當中，破壞自己在職場上以及私領域的人際關係，因為他們必須是對的、或必須強迫事情依照他們的想法走。他們覺得自己到哪裡都會遇到反對的聲音、內心總是處於緊張狀態，而且經常壓抑自己的挫敗感。

好的一面：意志堅定的鬥士。

壞的一面：固執的自以為是之人。

討人厭的原因：他們總是充滿侵略性的模樣和自以為是的態度使別人感到心累，也讓自己變成難搞的人。

最佳對抗策略：即使跟他們想的不一樣，也要肯定他們的想法，但要肯定的是「那是他們自己的想法」。

根據艾瑞克在會議上的觀察，這些也可以套用在他的客戶身上，他說：「有些人會欣賞他，他也會回以欣賞、表現尊重，然後感謝對方、稱讚對方。但大部分的人大概都會怕他、感到威脅、沒有安全感，那他就會這樣對待他們。」艾瑞克曾經親眼目睹客戶團隊中的女性成員在開會時爆哭，因為他在大家面前把她們當作小孩一般對待。艾瑞克自己就只能坐在那裡尷尬，不確定到底該不該說些什麼，雖然他只不過是個客人、不是他們的團隊成員。

艾瑞克從一位在公司已經待了很久、年紀較長的資深同事那裡聽說，他的這位商業夥伴幾年前還必須參加反暴力情緒管理訓練，要不然他的員工應該早就把他踢出團隊了吧，因為他實在有太多抱怨了。不過，那些訓練只有讓他在表面上看起來比較平和。雖然他從那之後就不再羞辱別人、對別人大吼，或是亂丟筆、打洞器或電話，但當他覺得被人冒犯或想要對人訓話之前，他會轉而訴諸諷刺挖苦、誇張地倒吸一口氣，並露出自鳴得意的微笑。「雖然情況現在變得比較難以言傳，但那對整個氣氛的毒害程度並沒有減少。」

以上這一切皆不符合艾瑞克對於一個好的公司、和樂氣氛應有樣貌的想像。他當時已經開始考慮將這位客戶轉手給其他可能比較不會受到情緒影響的同事了。「我並沒有過度敏感。人在工作中必須學會處理某些困難跟批評，」他說：「但如果有人只是因為自己的職等允許就故意傷害、羞辱別人，那會讓我覺得很反感。」他以前總是相信每個人都必須起身捍衛自己，但他覺得在這個情況中，來自高層的干預，反倒是完全正當的作法。

有些人就是必須對所有事情表達意見

在我們生活的時代裡，大家都必須對所有事情有所想法，然後拿它來煩別人。我在《新蘇黎世報》（*Neue Zürcher Zeitung*）中讀到以下這段由讀者提出的問題：「我一直看到中年男人穿著過緊的Polo衫，於是目光就會被他們明顯可見的胸部吸引，那真的不是什麼好看的景象。我們可以對此做些評論吧？」[8] 收到提問的專家勸阻道：「光是因為女性已經承受了好幾個世紀的身體羞辱，我們不必將這種道理延伸至男性身上……我們沒有權利去把那些

8　NZZ Bellevue, Soll man zu enge Polos bei Männern beanstanden?, 26. August 2022, https://bellevue.nzz.ch/mode-beauty/enge-poloshirts-bei-maennernsoll-man-darauf-hinweisen-ld.1698402

可能外型不完美的身體都遮蓋起來。」就只是剛好幸運嘛！

之前有一位完全不認識的女性透過我的網站寫訊息給我。我在網站上用不正式的「Du」形式書寫讓她覺得不舒服，她覺得這樣「很自大、狎昵、強迫裝熟」，所以即使我們根本不認識、也沒有共事過，而且她已經退休很久了，但她還是必須跟我說。我的回答是：「我是依循目前的職場實際作法，但我當然也理解有些人會有不同偏好。」她馬上回覆說自己以前也會用名字稱呼別人、不是姓氏，但如果對方是「基於某些特點而顯得疏遠或擁有特殊地位」的陌生人的話，她就不會這樣。對一些人而言，遵從原則既能自我肯定，同時也是一種休閒活動。那可以演變成長期筆友關係呢。

我有一個朋友在亞馬遜網站上訂了一個滑板，但後來因為不需要了就想要退貨。亞馬遜願意全額退費，他也不需要把那個笨重的商品寄回，因為使用過的商品不能回收再售，必須視作廢棄處理。「他們有什麼毛病？」他憤慨地在臉書上寫了一篇公開發文，而不是開心地接受人家的善意、直接自己轉售或送人就罷。「我堅持退貨！」好吧，他是對的，他也成功實現這個從所有角度看來都比較爛的解決方法了。

我曾經在一間餐廳的評論中看到以下這段怨言：「菜單（早、晚餐）非常優，套餐裡的四道菜都非常好吃，但有點太多了，點心份量可以少一點。」這完全說錯了啊，點心份量絕對不可以減少耶，但這正證明了自以為是的人的思想有多麼地死板。

而批評最多的人往往都是承受度最低的人。推特去年換人經營的時候，原本一直在那邊批評、斥責和羞辱別人、甚至還行之有年的同一批人，突然開始抱怨「氛圍令人無法忍受」，所以他們「再也待不下去了」。

驕傲且缺乏理解能力

自以為是的人覺得自己對於情況和他人的評斷很果決、明確。他們很自豪地在不經思考的情況下公然表達自己的想法，向別人展示自己的不足，並且不迴避衝突。對他們而言，捍衛秩序、正義與公平等基本價值的行為，皆能展現出膽量、態度及公民勇氣。但在他人的眼中看來，他們不過是出於自身原則、希望自己是對的，因為他們需要肯定。要他們承認自己錯了根本是不可能的，因為他們會視之為個人挫折、承認自己的失敗。即使他們確實有能力，但他們這種行為會讓他們變成難搞的老闆、同事或朋友，於是，很多人最後會遠離他們。

如果你想要拿論點去反駁他們，根本毫無意義。他們會立刻生出另一個解釋來駁回，或是如果他們想不出任何東西的話，就會把焦點轉移到次要議題或其他主題。當他們的思想謬誤或行為錯誤被證實時，他們會將之撇至一旁（那不重要！），不想要在類似的情況中套用相同的標準（那是「那又怎麼說」主義〔Whataboutism〕！）。如果他們在內容上錯得無以爭辯，那他們就會開始人身攻擊，控訴你「語氣不對」或是「天真」、「無知」。以上所有行為就只是想要逃避認輸，還有他們所認為的「丟臉」。他們不想要學習、獨立思考或被人說服（至少不是現在），只想要自己是對的，即使這樣可能會破壞他們的聲譽、友誼、人脈，並很快地讓他們計窮力盡。你絕對無法用他們的武器打敗他們。

同理，讓他們願意敞開心胸

儘管你有千萬個正當理由去頂撞那些自以為是的人，處理他們的時候，「同理」才能真正發揮助益。如果你能意識到他們究竟有多麼需要且渴望關注與認同，那就很容易同理了。所以，首先，算是幫他們一個忙，像是稍微表達一下對他們的賞識。你只需要說「那確實是個重要的點」或「我覺得你為這件事努力爭取很棒」之類的話，不需要採納他們的觀點。他們剛開始會出於慣性繼續爭論，但很快就會瞭解到自己其實不可能、也不需要反駁你，反而只是一直在重複自己說過的話。你已經同意他們了，事實上，你通常可以找到很多你同意的點，你可以強調這些共同點。至於互異的部分，你可以說：「好有趣喔，我們的觀點不一樣。謝謝你分享從你的觀點看到的見解。」這樣作一開始會激怒他們，因為他們已經很習慣不斷戰鬥了，但他們很快就會因為你溫柔且自信的態度而對你心生尊重，並因為他們在你身邊可以做自己而心存感激。停戰一下、深呼吸。

這類討厭鬼的戰鬥精神其實對你很有幫助，除此之外，他們也有其他特殊長處：能夠堅持己見與自己的計畫、不怕衝突，而且當他們覺得有必要的時候，他們也會清楚地表達。即使是最艱難的任務，自以為是的人也能充滿力量地貫徹執行，必要時更會突破萬難。這在商業上和生活中都是必要的特點，我們不可能完全不會遇到衝突。整體而言，這類討厭鬼展現出大量的氣力與耐力，能夠達成的事情比別人還多。你的認可會讓他們知道自己的努力被看見、被尊重了，並進一步讓他們願意展現比較溫和、比較容易親近的一面。

覺得被攻擊

在自以為是的人的行為背後，主要根源是缺乏安全感，尤其是對他人的不信任。第二類討厭鬼清楚知道並不是所有人都對他們同等友好，但他們低估了能夠贏得人心的正向基礎信任及其力量與長遠助益。這會導致許多基本上可以避免的衝突，他們也必須為這些衝突付出很大的代價。他們之所以會這樣，通常源自以前跟自己敬重對象的相處經驗。或許他們過去遇到的多數上司、老師或甚至父母，都為他們樹立了這種模範：你必須為自己奮鬥，因為除此之外沒有人會為你而戰。溝通訓練可以幫助他們拓展處世的可能性；真正的優勢並不是持續給他人施加壓力，而是透過建立良好示範來說服他人。

放鬆一點

你或許已經發現到，自己有時候會攻擊別人，頻率甚至多於必要，或是堅信自己必須時時捍衛自己，才不會被擱置在一旁或被佔便宜。如果這樣的話，給自己多一點「間距」，有規律地每隔一段時間就休幾天假、減少加班，並多撥一些時間去運動、給朋友、做有興趣的事，這些都會讓你舒緩緊張，有些衝突就會自動變得不那麼重要了。並不是所有事都必須去爭個結果、將它解決，而即使你怕這麼做會毀了你的成就，但其實不會。而且相反地，它還會將你從精神緊繃當中拯救出來、幫你結交新朋友和支持者，並進一步改善你的健康與生活品質。與此同時，多練習讓自己不要動不動就批評別人。當自己內心出現一些想法的時候，多去注意它、不要把它大聲地說出來，而是試著提出開放式的問題展現自己的興趣，藉此找出更多相關資訊。時間久了之後，你的想法就不會再那麼極端或非黑即白了，相反地，你會察覺到更多細節，並發現自己與他人有多少共通點。這樣一來，你就不會消耗那麼多精力在無意義的衝突上。

其他夢想

我客戶艾瑞克那位充滿侵略性的客戶，讓他反思了很多關於上司的領導方式，他表示：「我本身跟他之間從來沒有遇到任何問題，他對我都很尊重、有禮貌，只是整個非常緊繃，然後，說好聽一點，是充滿鬥志。在一次活動後，他們有機會私下聊了幾句，原來艾瑞克的客戶對於自己的處境其實很不開心。「他會進到那間公司，是因為他父親已經在那裡成就了一番事業。但他其實夢想過著一個截然不同的人生、自己經營一座小農場。但他現在結婚了、有小孩了，被困在那裡了。」過了一段時間之後，因為艾瑞克被指派去處理新的領域，便將那位客戶轉手給其他同事，但他依然經常回想起對方。除此之外，他也計畫在職場心理學領域中做一些額外訓練，這樣一來，他就能夠運用他的經驗來幫助其他人。他說：「我覺得沒有人應該在一份工作中受苦。或許我可以幫助其他陷於這種情況的人，進一步發展出別的道路。」

保持彈性

我小時候練過一陣子拳擊，我記得其中有一項策略其實在很多技擊運動中都會看到，那就是不要直接跟強勁的對手正面衝撞、別想在短時間內擊敗對方，而是保持靈活、敏捷，最重要的是，確保他的拳總是失準。過一段時間之後，他就會把自己累壞、上氣不接下氣，出擊變得愈來愈弱、甚至顯得愈來愈漫無目的，最後，他的防禦就會完全敞開。另一方面，你八成仍舊完好如初，而且會打贏，但不是K.O.擊倒勝，而是以優雅精準的姿態獲勝。

處理自以為是之人的絕頂妙策：同意他，並贏得他的心

自以為是的人實在太固執了，你沒有辦法用辯論的方式說服他們，最後只會演變成爭辯，對誰都沒有好處，所以就讓他們（據稱地）贏得第一回合吧，只要同意他們就好，但務必記得表示你是覺得「他們的觀點」很有趣。如此一來，即使你對這件事或其中某一些面向看法不同，你也能保住自己的想法，以及輕鬆的態度。假如他們繼續堅持自己的觀點，而你能以同樣的方式表示同意，並稱讚他們的熱忱，他們很快就會放棄了，因為他們覺得跟你爭這些很不值得。這時候就是你們的機會，可以進行更細微、更有趣、讓雙方皆感到振奮的交流了。

第三類討厭鬼：懶散的拖延症患者

——永遠無法準備好付諸行動

說一堆、做很少：這類討厭鬼雖然知道自己不喜歡什麼、不想要什麼，但他們沒辦法制定並追求明確的目標。相反地，他們藉由發牢騷與暗地嫉妒的行為使人厭煩。

在經濟實力強大且穩定的時代裡，其中一個好處是，即使是那些無法展現實際成就的「理論家」也有屬於他們的機會，尤其自從「語言創造現實」的觀點變得相當普及之後，情況更是如此。如今，立意良善的言論就已經足夠了，但在之前的世代裡，人們是以結果進行評斷。我們現在活在大人版的「人家努力過了」的世界裡，大人也可以當勤做工的小蜜蜂。

舉例來說，如果有人沒有成功成立公司，他們還可以運用一些術語，像是他們不當「**Gründer**」（創辦人；於文法上為陽性），反而驕傲地表示自己是在為爭取中性用詞盡一份心力，像是人們現在所說的「Gründungsperson」（創辦人；中性），或是以「Selbstständigerwerbender」（自雇者；中性）取代「Unternehmer」（企業家；陽性）。雖然沒有哪一家新公司是透過這種方式成立的，女性雇員比例也沒有顯著增加（即使從二〇〇四年就開始有支持聲浪，由百分之三十六成長至三十九），但這確實創造了一些工作，不過也就只是在企業裡的多元共融部門，還有政府機關、大學、政黨及非政府組織。實支實付的財務策略也消除了「有人為盈利而工作」或「自私自利」的嫌疑。

此外，這個領域中也持續產出創新。之前，「Lehrling」（學徒）一度必須正名為「Auszubildender」（實習生），然後最近則改成「Lernenden」（學習者）。如果現在才意識到這個詞將「結構不平等」奉為聖旨就已經太遲了，那就好像在說，師傅懂的比學徒還多似的，所以我們需要一個更加平等的詞彙。或許雙方都應該是「Lernpartnernde」（學習夥伴）？

被他們的猶豫搞得很挫敗

說一堆、做很少，你應該也遇過這種人吧。他們會慣性地抱怨、鉅細彌遺地講述自己有多麼不滿，但如果你問他們計畫如何改善處境的話，你只會聽到藉口。「我還沒有很明確地知道」、「可能之後吧……」、「我還在想……」。這樣的情況可能會持續好幾年，而他們就這樣脾氣暴躁地工作，同時將他們的不滿情緒傳染給其他人。這就是第三類討厭鬼——懶散的拖延症患者。不像永遠的受害者（第一類），他們知道自己終究應該要有些動作，但他們無法讓自己動起來，反而會一直抱怨同樣的事、自己從來無法得出任何結論，因此令人覺得厭煩。不過，他們會以運動、冥想、購物和度假來安撫自己，這可以在短時間內讓他們獲得寬慰，但同時又會使他們無法從根源解決問題。

拖延症患者簡介（第三類）：優柔寡斷的務實主義者

他們獨立思考、獨立處理事情，但會一直躲避早該進行的對話與根本性的決策。至少他們已經找到方法度過長期的不滿狀態了啦（例如，晚上去跑步以清空腦袋、做完階段性的高壓專案之後去度假）。這讓他們至少可以暫時逃避生活中令人挫折的面向，但整體來看，他們知道自己必須改變或離開現況，但卻卡在裡面太久了。因此，他們的身心健康會起伏很大，他們有時候其實很快樂，但馬上又會想要放棄一切。他們的日常逃避會變得愈來愈鋪張。

好的一面：有毅力的務實主義者。

壞的一面：優柔寡斷、只吠不咬的抱怨仔。

討人厭的原因：他們的優柔寡斷和前後矛盾讓他們不快樂，他們身邊的人也會因此而受苦。

最佳對抗策略：接受這就是他們自己想要的生活方式，這樣你就可以從想要激勵、幫助他們的衝動中獲得解放。

這類討厭鬼之所以惱人，在於他們永遠無法決定事情，甚至還會一直欺騙自己這只是「當下」的情況而已。拖延症患者可以花上數年的時間，向自己和他人解釋為什麼他們現在什麼事也不能做（等小孩都離家之後、等房貸繳完之後）。他們清醒的時候也能夠自己看清這一切，然後悔恨地承認自己沈溺於安逸的宿命論中，但仍然不會做任何動作。他們頂多會無奈地說：「沒錯，那一定是我的錯。」他們逃避去做任何為了改善就必須做的決定，因為他們不想接受後續結果，也就是採取實際行動、承擔風險、付出必要代價。他們自己會因此感到懊惱，也會有點羨慕其他比較勇敢、比較果斷的人。集結以上這些特徵，在他們身邊那些出於好意、看得出來他們其實只需要一點點努力就可以跨出下一步的人，也會被他們搞得很挫敗。

永遠只會逃去運動和度假

說到這裡，我想起我的客戶若荷（Rahel），她在出版社工作，有時候會覺得自己被困在時間迴圈內，過著職場版的《今天暫時停止》（*Und täglich grüßt das Murmeltier*）生活。坐在她正對面的同事一直重複講著同樣的事：他再也無法在這份工作中感到快樂了，但他必須忍耐；他多麼期待下一次假期，他才終於能夠再出去、體驗一些東西；他們在這裡做的事情毫無意義，他老早以前就該去別的地方了；哪裡都比這裡好，他真的受夠了。

若荷有時候會生氣地想：「那你為什麼不直接走掉呢？」因為她已經太常聽到對方抱怨這些了。她剛開始會同意他，因為他們公司裡、部門裡當然不是所有事情都很完美。當她得知其他出版社有開職缺時，她告訴他這個消息，也曾經推薦他參加進修訓練以提升機會。

「但其實他真正有興趣的，只是下班後盡快跑去健身房，然後回家、回到伴侶身邊，或甚至是去度假。」最後她終於放棄試圖幫助他了，甚至不久後就開始避免跟他一起去員工餐廳吃飯。「我再也無法忍受聽他講那些事了。」

他們兩位當時在公司服務的年資差不多，但若荷很確定自己仍保有相當程度的熱忱，或至少還有興趣。「我無法理解怎麼會有人能這麼毫無熱情地工作，非常不滿的同時又待了這麼多年。」她同事曾經提過自己之前有投過一、兩份其他工作，但因為他在原本的公司待很久了，薪水相當不錯，如果換工作的話，就必須在財務上有所犧牲，「那對他來說不值得。」當時對方五十出頭歲，已經計算好可以怎麼將部分退休工時制度（Altersteilzeit）與提早退休金結合，這樣他就「不用再撐十年了」。

若荷本身已經想要做些改變好一陣子了，她說：「我當然覺得那個同事很煩，但我也必須坦承，其實我自己也會想要迴避風險。」雖然她申請了好幾次內部調職，但她已經很久沒有升遷，薪水也好幾年沒有調升了。「那代表我必須出去了，但我還沒有拿到具體的工作機會，或還沒有勇氣離職。」當時，她甚至還得出了一個理論，解釋為什麼自己會覺得那位同事如此惱人、令人不爽——「因為我在他的行為中看到自己。」

當下很難做出正確決定

我們大家都知道要做出正確的決定有多麼困難。在工作壓力比較大的那幾個月，當你吃得很糟、完全沒有踏入健身房時，你可能會跟自己說：「我之後就會有時間放假，然後如果可以常常出去外面晃的話，自然就會吃比較少、燃燒比較多熱量。」接著，假期來了，你會想：「撐過這些壓力之後，我要先好好慰勞自己。這是我自己賺來的，『全包套裝行程』都已經付錢了。」回到家後，你看到信用卡帳單時，臉色頓時發白，想道：「我得趕快回去工作，接下來這幾個月壓力會很大，但之後總能再計畫一些假期啦……」然後，另一年就又過了！

但那已經比我們常在報紙上看到的人的命運來得好了，就是那些不幸從祖先處繼承了好幾百萬的人。他們不能安靜地、偷偷地把錢捐出去，那會讓他們覺得罪惡感太重；投資自己的公司、為他人創造工作機會也不是一個好選項，因為那只會讓這種災難般的價值鏈延續、讓他們更有錢。於是，他們所能做的就只剩下接受善解人意的採訪編輯訪問，以舒緩自己的壓力，並呼籲大眾效仿他們。

如果你想做些改變，就不應該永遠只是在等待，因為過了一定年紀之後，就再也沒有真正的職涯選擇了，像是連「資深位階」，頂多只能接受到三十五歲，因為那些工作其實並不像頭銜寫得那麼重要、資薪那麼好。那些三十歲以前都在讀書、實習的人，勢必得在機會完全關上門之前趕緊把握，因為儘管政治人物希望把退休年紀設在七十歲，但對於經濟而言，五十歲就已經太老了。那介於之間的短短二十年歲月，應該要有效益地填滿，像是去當顧問，幫助那些以前花太多時間規劃假期、太少時間規劃生涯的「黃金歲月」人士。

在生涯規劃上大轉彎當然一向可行。一位老朋友年輕時在銀行工作，甚至一路升到董事，如今在經營自己的混合健身（CrossFit）工作室。必要的話，你也可以像一些綠黨（die Grünen）政治人物那樣，年紀大的時候宣布自己是女的，這樣一來，你就可以繼續在配額制度中取得席位，不然就會失去資格了。踏入政治圈還有另一項好處，他們不需要任何專業或學歷資格。即便你以前連個中規中矩的團隊都沒有管理過，管理國家能源與經濟、重新整頓德國軍隊，或是向聯合國閱讀宣言等道路依舊為你敞開。你還在等什麼？

他們覺得自己在走安全路線

拖延症患者覺得自己是走一個特別安全的路線，所以非常謹慎。他們為了避免任何風險，常常花上好幾年的時間思考一項可能決定的優缺，並不斷拖延（等一下看看）。他們有時候會懷疑自己有性格上的缺陷（意志力薄弱），覺得自己必須忍受它、與之共存。於是，他們就這樣工作、試圖隱藏無聊感和挫折感（但不太成功），並三不五時用一些小確幸來獎勵自己。在其他人眼裡，他們想要更多自由與勇氣，但不想為此付出代價，所以他們將自己鎖在自我要求（鍍金籠子）內，藉由抱怨釋放自己，搞得好像是別人的錯似的。

嘗試強迫拖延症患者做決定，例如一直問他們計畫怎麼做，並沒有什麼效用，因為他們拒絕的理由正當，即使那些理由會讓他們的思考卡住。如果你提供建議，他們會看到其中的優點，但同時也會找到缺點，然後就會再度陷入猶豫、傾向什麼事也不做。這種情況發生得過於頻繁，讓你開始對他們愈來愈生氣，想要去「抓住他、把他搖醒」，並替他們做決定。你會發現，一旦他們覺得你的幫助可能會將他們綁住，他們就會不斷試著逃脫、為之尋找新理由、不願遵循，因為他們認為它很危險。最終，你就會放棄，但即便如此，你仍會覺得要停止給予建議或鼓勵、引導他們做出決定也是一件難事。

嘗試強迫他們毫無意義

面對拖延症患者時，最好的做法就是停止處理他們、給他們自己決定的自由。如果他們因為偏好某些優點（例如薪水、相對安全感）而想要繼續待在目前的工作崗位，那也是他們的事。不要給他們任何建議，或傾聽他們無止盡的抱怨。必要的話，你可以簡潔地說「喔，有人今天又在暴躁了」、「我覺得你應該再去放假了」這類幽默又帶有同理心的評語。學會一笑置之，這會讓雙方內心都能有些距離和解脫。就管好自己的事吧。你可能會發現，自己之所以覺得這一類討厭鬼特別惱人，其實是因為他們將你自己的不滿與猶豫反映出來。你把自己消耗在他們身上，因為這樣就不必去面對自己的事。於是，你現在的焦點可以放在釐清自己的目標、執行自己的計畫。這樣一來，你甚至還能啟發那些拖延症患者、讓他們跟隨你的腳步，不過，你的目標絕對不能放在這裡，他們得為自己負責。

如果你能夠辨認出他們處理事情的能力，像是他們可以熬過艱難、把工作做好，他們就能成為你的夥伴，甚至是朋友。這類討厭鬼至少已經逐漸接受現況了，當事情超出負荷時，也知道什麼東西可以幫助自己（例如去運動或去旅遊）。即使他們很常抱怨，但他們知道自己必須為自己的想法和感受負絕大部分的責任。他們能完成自己的工作，也有辦法讓長達數年、令人沮喪的階段變得可以忍受。這般認可能夠增強他們的自信心與勇氣，讓他們敢於做得比以前更多。

缺乏優先順序

在拖延症患者優柔寡斷的「等等看」行為背後，最主要的根源，是對於正確道路的不確定。他們很清楚自己應該要改變現況，而且只需要投注些許努力與意願就能夠辦到了，畢竟在他們之前已經有其他成功案例了。但儘管如此，每當他們在審視潛在決策的優、缺點時，兩邊似乎總會互相抵銷。結論就是：他們偏好待在原地。這其中的原因在於，他們沒有明確的優先順序。所有事情皆有優、缺點，但什麼東西在短期、中期、長期看來是最重要的？他們應該為自己重新想過這件事，未來不能再以優、缺點同等重要的觀點作為決定基礎，而是加權過的優先清單，例如：新工作的必備條件是什麼？加分條件？那什麼東西是他們其實根本覺得無所謂的？

重新思考習慣

你可能有時候甚至會避免碰觸早已逾期的對話與決定，寧可躲入日常的小逃避。如果是這樣的話，你可以花一個月的時間，記下那些已經變成習慣的迴避行為，還有隨之而來的花費，例如：每天去星巴克買一杯咖啡、一次水療，或是忙碌工作了幾週後的小旅行。即使每次都只是一小筆支出，經過一年累積下來也會相當龐大。這可以讓你看出來目前的開銷策略，並激勵你尋找更好的替代方案。與其訴諸時間、注意力與金錢等資源，改用一些可以在根本上處理問題的方法，像是把下一次旅遊的時間拿來預訂職涯諮詢面談或進階訓練課程，這樣你就不用再為了那令人沮喪的工作感到擔心了，也不再需要那麼多補償。假如這番改變可能會花上一些時間也不要灰心。對自己有耐心，你已經在改變的路上了。當你在幾年後回過頭來看，就會發現自己已經往前走了多少路了。

勇於重新開始

我的客戶若荷發現，那位優柔寡斷的同事之所以讓她覺得惱人，特別是因為對方在他們公司的整體環境裡算是典型個案，所以一併將她拖下水，讓她也變成這種情況的代表人物。在她的上司和同事當中，許多人在早期便拿到薪資優渥的工作合約、無法找到其他相同條件的工作，而且大概也變得太過膽怯、太安於現況了。到最後，真正做出改變的人是若荷，她說：「我發現這種環境讓我變得愈來愈軟弱，如果我再待久一點，只會繼續變得更爛。」她幾乎有一年的時間求職不斷失利，但後來意外地被一間新創公司錄取，接受比原本少三分之一的薪水。「但我覺得自己又重新活了起來，感覺跟剛出社會時一樣，而且我有信心可以在財務上達到同樣水準。」如今，她當時的那位同事依然待在同一個地方（她有一次偶然瞄到對方的 LinkedIn 檔案發現的），但至少對方現在已經轉成兼職了啦。

小小慰藉

多虧了美國最近流行的「大離職潮」（Great Resignation，很多人離職）、「安靜離職」（內心離職）等術語，那些在工作上感到沮喪的受雇者現在有了新的慰藉，那就是把自己想成新一波的前衛人士。即使他們只不過是用電子郵件或在 LinkedIn 上分享、討論相關文章，沒做其他任何事，但那也算是某種意義上的活躍了，反正不是完全沒動作就對了。真的很敢的人會發表「我們的工作必須改變的十個論點」或斗膽的「明日職場宣言」等內容，那總是會激發許多留言，雖然很少會有新工作由此而生就是了。但一旦有人開始談到這些了，那就是好事！如果有人對大家有個遠大的想像，那就應該在某個時刻能為自己跨出決定性的一步吧。

處理拖延症患者的絕頂妙策：接受許多人想要這樣生活的事實

他們只是需要某個資訊或建議，就能終於開始採取行動……當你在面對拖延症患者時，把這種想法給忘了吧！也不要覺得自己有責任說一些激勵人心的鼓勵來支持對方。他們根本不用花什麼時間，就可以在自救手冊或谷歌搜尋中馬上找到自己該做什麼才能改變現狀；必要的話，他們也可以尋求職涯諮詢師等專業支持。接受這項事實：即使他們經常抱怨，但他們基本上仍然過得相當快樂。那就是他們缺乏動機的原因，他們其實早就安頓下來了。如果你長期因為這種狀況感到困擾，那就代表你的成長已經超越當前環境、你必須做出改變了。那麼，這類討厭鬼甚至可以反過來激勵你，因為你不想再過這樣的生活了。

第四類討厭鬼：充滿大愛的熱血心腸

——相信這個世界不能沒有他們

總是對別人不離不棄，即使人家不需要也不想要：這類討厭鬼藉由強迫式的助人之心使人厭煩。他們立意良善，但往往讓自己負擔過重又經常感到失望。

我們市場經濟的一大優勢，在於它可以迅速回應持續改變的需求。舉例來說，因為現在大家庭幾乎不復存在，工作場域直接供應替代方案——把辦公室佈置的像家一樣、大家可以穿休閒服飾上班、用名字稱呼彼此也相當常見。如果誰沒有朋友或私生活，可以在午休時間跟主管或同事一起去公司的健身房，或下班後一起去比薩店。如果沒有小孩的話，可以直接領養幾項額外的專案，或是主動發起自己的計畫。過去這幾年，我看過許多大型科技公司的辦公室除了提供美髮師、設有內部超市等服務之外，還有睡眠設施，更為員工個人辦公桌裝飾編列預算。如此一來，即使到了凌晨四點，大家也會樂於待在辦公室內。雖然這個產業現在也必須減少成本了，但留下來的員工大可以完全入住辦公室、省下房租和電費。

有些公司以暖心而坦率的方式表達他們的家庭價值。有個暖、冷氣及冷凍系統製造商寫了以下這段描述給他們的員工：「我們的每一項核心價值——責任感、團隊取向、創業思維，幫助所有家庭成員與我們的家庭總體目標產生私人連結。」全公司的一萬三千名員工都是這個「全球化大家庭的一員」。順帶一提，其中的「總體目標」是「將我們的文化移動，並引導至我們希望影響的地方」，完完全全就是嚴格但公平的父母會說的話。[9]

渴望一直在那裡支持別人

對某些人而言，有一個舒適、幾乎像家一般的環境，是讓他們有生活幸福感的重要元素，工作場所也是如此。在那裡，他們早上會幫盆栽澆花、在工作桌上佈置家庭合照和紀念小物，然後替自己泡茶。他們跟同事打招呼時會獻上擁抱或親吻、手邊有一份生日曆，也會在大家集資準備結婚或新生兒禮物時負責收錢。這讓他們感到快樂，有被需要、融入團體的感覺。但他們無法理解為什麼有些人會不需要也不想要這些，甚至因為他們的行為而備感壓力。這就是第四類討厭鬼——充滿大愛的熱血心腸。他們渴望一直在那裡支持別人，並真心享受幫助別人，這讓他們感到被認可且心滿意足。但與此同時，他們又經常讓自己超出負荷，而當別人不感激他們或不願參與其中時，他們的反應會很暴躁。

這些熱血心腸之所以惱人，是因為他們的關懷令人感覺遭到侵擾，而且總是太快、甚至常常在別人沒有要求的情況下獻出擁抱與支持。這麼做確實會在當下幫助到對方，但也會讓對方因此付出某些代價，包括由善意所造成的某些權力剝奪（我只想給你最好的一切），進而形成限制，有時候甚至幾乎令人感到窒息。這類討厭鬼並不像他們自己想得那般無私，他們只是期待獲得感激與認可，而當這些東西沒有出現或太少時，他們會真切地感到受傷。由於他們很難進行真正的衝突，也就是設定界線，他們捍衛自己的方式就變成暫時抽回自己的愛，以及道德勒索（我看得出來，沒有我你過得比較好）。如果有人否認（因為事情就不是那樣啊、他們沒有那個意思），那這些熱血心腸就會馬上將他們再度攬入自己的懷抱。

---

9 https://www.viessmann.family/de/wie-wir-handeln/kultur-und-werte

不是每個人都想要加入這個社群

我的客戶史帝凡（Stefan）在一家工業公司工作兩年了，但依然覺得自己對那裡很陌生，他說：「很多同事打從實習、職業培訓階段開始，整個職業生涯都待在那裡。他們大部分也都住在那個地區，所以他們大家彼此都很熟。」他的團隊每個月都會有一天晚上一起聚餐、每年會一起去看電影或打保齡球好幾次。相較之下，本來就比較獨來獨往的史帝凡單趟就必須花一小時以上的時間通勤，太太也在家裡等他。「其實原本的計畫，是等我過試用期之後就搬到離公司近一點的地方，但我看不到自己在那裡的未來，所以我們就放棄了。」

熱血心腸簡介（第四類）：出於好意，但常常變成騷擾

這類討厭鬼將別人、別人的事擺在他們生活的中心位置，可能是他們的伴侶或孩子，也可能是他們的主管和同事。他們會這麼做並不是出於義務，而是真誠的關懷與愛或情感。他們從對方身上得到太多東西，以至於自己本身的問題看起來再也不那麼重要。能夠在那裡支持並幫助別人，讓他們覺得很有意義、很是滿足。他們經常因為這份

努力受到稱讚，而這般認同對他們來說相當有益。不過，他們忘了有些人完全不想要、或只是暫時想要他們的幫助，也忘了他們自己的資源有限。於是，他們經常讓自己負擔過重，並對別人感到失望。

好的一面：團隊裡的小太陽。

壞的一面：罹患超級幫手症候群的母雞。

討人厭的原因：他們堅信自己最清楚什麼才是對別人好的，而且如果他們沒有出手幫忙的話，一切都會出錯。

最佳對抗策略：鼓勵他們拓展自己對於「幫助」的想像，也就是交出責任。這種作法剛開始會讓他們覺得很恐怖，但長期而言能夠解放他們。

他們部門的團隊助理將史帝凡對於公司環境討厭的所有特徵集於一身。她從來沒有在其他地方工作過，所以認識那裡的每個人、住在附近，而且似乎認為自己的主要工作是讓大家開心。她有一份行事曆專門記錄大家的生日、婚禮日期、最新活動與事件，她也會負責傳賀卡給大家簽名、負責收集資小禮物的錢。史帝凡從她的臉書個人介紹上得知，她在閒暇時會去幫助從匈牙利到希臘的流浪狗。史帝凡幾乎顯得有點自私且殘酷地說：「她像個媽媽去照顧全世界之前，是不是應該先自己生個小孩啊？」當然啦，他絕對不會這麼口無遮攔地跟對方說。

讓史帝凡覺得很煩的是，那位團隊助理在工作上動作很慢，總是「平心靜氣地處理一切」，而且很多事情的處理方式，是史帝凡二十年前在前雇主那裡看過的。他表示：「她基本上完全沒有進步，對最新軟體或現代工作方式完全不熟悉。但她去到哪都很受歡迎，因為她人超好又會照顧大家。」對方注意到史帝凡不僅不買單，甚至還拒絕她，便向部門主任抱怨史帝凡的態度。「我被控訴說我無法融入團隊又不友善。」

史帝凡在專業上頗受敬重，他在最後一次年度評鑑中不但獲得好評，獎金也出乎意料地高。「但與此同時，我在這裡沒有歸屬感，而且其實也不想要有。」他對團隊助理保持表面上的禮貌及距離，並注意到其他人漸漸地就不約他一起去員工餐廳吃飯了、只跟他們自己人待在一起。對此，他其實滿開心的，但同時又覺得被排除在外。「我在這裡格格不入，覺得自己應該要辭職。」但他覺得，那看起來好像變成那位團隊助理和她的同夥贏了。即使他不確定別人是不是也這樣想，但他似乎覺得自己輸了很丟臉。

你可以猜到自己蹚入了什麼

要在工作場所打造溫暖、親密的氣氛並不是那麼容易的事。我有一個朋友曾經去應徵一家建材公司，人資部門寄了一封電子郵件感謝他「有趣的應徵資料」，其中寫道：「對我們而言，每一個個體都很重要，所以我們會花時間仔細地審視所有應徵者的資料。如果有任何問題，歡迎隨時聯繫我們。」但在人資部門內，似乎並不是每一個個體都那麼重要，因為那封信是匿名的，署名為「招募團隊」。然後信末寫著：「此為系統自動回覆，請勿直接回信。」後來他收到一封拒絕信，但過了一天之後又收到面試邀請。我們大概都已經可以猜到自己蹚入什麼樣的渾水了。

最近又開始流行讓員工帶狗上班，這樣他們就不用跟自己心愛的寵物分開這麼久，也不用準時回家遛狗。還在工作、比較年長的人應該記得，這在九〇年代算是常見作法，但很快就開始出現爭論。有些同事會怕狗跳到身上或被狗咬，有些人覺得被沾滿口水的磨牙骨絆到、把辦公室冰箱裡剩下一半的狗飼料罐頭丟掉，或把桌上的狗毛撥掉等事情很噁心。如今，有過敏困擾的人也來參一腳，而貓咪陣線覺得自己受到歧視。

我曾經有一位上司超級反對公司購入的精緻花盆，它們的設計精美，每一層樓都有設置。他會一直皺著鼻頭說：「它們很臭。」其他人都很困惑，覺得它們沒有味道啊，但也寧可不要牴觸他。他經常滿懷批判地走過各個辦公室去近距離檢視那些盆栽，但他原本一年通常只會造訪這些辦公室幾次而已。最後，他成功說服管理階層將盆栽全數移除。其實或許只需要一個論點就夠了，那就是省空間，可以多放幾張桌子和櫃子。

在那些大家應該都是「朋友」的公司裡特別會發生一些詭異的狀況：有人因為找到更好的工作而辭職，或是因為跟同事相處不來而必須離開的時候，大家充滿情緒地互相擁抱、發誓不論如何都要「保持聯絡」喔，但之後就陷入無線電靜默了，再也不會有人提起他、幾天內就被多數人給遺忘了。這就是職場版的「不愛了」。

最重要的是，其他人都過得很好啊

熱血心腸覺得自己很暖心、有愛，並真誠地在意著其他人。在這個常讓他們覺得冷酷無情的時代與世界裡，他們想幫其他人過更好的生活。當任何人需要一些友善的言語、貼心的對待或實際的幫助時，都不該被丟下、只剩自己捍衛自己，而是應該得到別人的支持。如果熱血心腸的努力獲得認可了，他們會為自己的努力感到驕傲，認為那樣的稱讚與感激是應該的。但其他人有時候會覺得，熱血心腸經常強迫別人接受他們的幫助，部分出發點源自他們對於肯定與認同的需求，但他們的行為會剝奪他人的權利、長期削弱對方。而熱血心腸經常讓自己負擔過大，然後顯得沮喪並控訴他人，像是說對方不懂得感激。

如果想嘗試讓熱血心腸不要這麼擔心別人、放手讓別人自己做決定並接受後果，其實沒有什麼意義。他們會覺得那是不負責任的利己主義，無論如何都不應該屈服於這種心態，而且他們也會擔心這麼做的後果。此外，不管後果為何，他們都會感到內疚，覺得自己必須承擔部分責任。他們會在腦中將最糟的狀況預演一遍，擔憂地說：「我不能這麼做。」只有當他們介入，才能防止這種狀況發生啊。「如果我不幫忙的話，這就是所有可能出錯的狀況。」他們甚至常常在沒有問過別人是否需要或想要他們的援手，就已經開始計畫可以為對方做些什麼了。如果有人建議他們不要這麼做，他們會認為對方不貼心、自私、冷血，因此開始有點害怕對方，並很快地開始遠離對方。

讓他們知道幫助他人不代表要剝奪大家的一切

在面對這類討厭鬼時，如果你能夠拓展他們對於「幫助」的理解，你就可以有所進展。

其中，幫忙並非總是要「為別人做盡一切」，而是「做任何事來讓對方感覺良好」。這也可以鼓勵熱血心腸放掉一些責任，例如，你可以建議他們：「有時候當你停止幫別人的時候，對他們來說才是最大的幫助。那樣他們才有辦法讓自己變得更強大、更聰明。」這個作法可以隱約讓他們知道，你發現他們有時候會因為覺得別人不感激而被惹惱、不知所措和失望。如果你注意到他們會懷疑或擔心有些地方可能會出差錯，那你可以說類似這樣的話：「別人在緊急狀況的時候知道自己可以仰賴你。你只是要收手一下，這樣他們才可以學會相信自己的力量。」同時，鼓勵他們多關心自己：「只有那些將自己照顧得好好的人，才能在別人有需要的時候幫助他們。」或者：「你必須學會互相退讓。」但你要時時保有同理心，這樣熱血心腸才會理解你並不是在鼓吹自私，而是自愛，以及成年人的個人責任。

如果你能接受熱血心腸真誠助人的本性，你甚至可以跟他們成為朋友。告訴這些討厭鬼你很欣賞他們的哪些優點：他們努力幫助別人、讓對方過得更好，他們也隨時準備好退讓、犧牲自己——在這個許多人只會自私地想到自己的世界裡，這份熱心相當特別。這樣一來，大家最後都能因此受益。當熱血心腸的幫助可以改善他人生活時，他們自己也會比較快樂、比較滿足，而對方也會報以寶貴的體驗、意義與認可。這份認可讓熱血心腸能夠與一些失望（例如拒絕、不知感激）和解，並再次鼓舞他們。

探索情緒層面

熱血心腸的行為背後所埋藏的是對於他人福祉的真誠興趣，即愛、關懷與同理。他們認為看到別人快樂也能讓自己感到快樂。當他們可以考慮到自身以外的事物，當他們被需要、被認同，人生就會顯得更有意義。但與此同時，要他們「不要」忘記自己、讓自己超出負荷，或是要他們「想要」透過助人來滿足自己的情緒需求，都是一種挑戰。對他們而言，一個常見的內在衝突在於他們的時間與精力有限。對此，每週計畫能有所幫助：除了他們對他人的義務與投入，他們也應該為自己規劃固定時間，必要的話，也可以安排看誰能接手他們的工作（例如鄰居、保姆、清潔女工）。每多賺到一個鐘頭，都可以讓他們更有力量。

獻給自己的時間

你有時候可能會發現自己一直在忙別人的事，但自己的事都沒有做完或延後完成。如果是這樣的話，你可以每天規劃固定的個人專屬時間，像是每天晚上半小時，連伴侶或孩子都得屏除在外，家事也可以暫緩。運用這段時間做一些讓自己快樂的事，例如聽音樂、閱讀、洗個香氛浴，或單純做做白日夢。這會幫助你重新發現自己的需求並重視它們。你是被允許追求自己的願望與興趣的。限制自己伸出援手的量，將你本來擔下來的責任還給別人或交手出去。在面對自己的孩子時，這件事可能會花費比較久的時間，但這是一個很自然的過程。不過，即使是一些特別專案或私人的志工工作，你在設定時間結束之後如果不再繼續做，也一點都不可恥。不要讓自己被推入必須幫服務單位安排替代人員的角色，那並不是你的工作或責任。

為自己做決定

對我的客戶史帝凡而言，他們公司的企業文化顯然不是那麼適合他。他事後回想道：「與此同時，如果我因為這樣必須辭職的話，我也不會特別覺得怎麼樣。」他決定接受這項事實，並依據自己的意願以逐案處理的方式參與工作，但同時也保有拒絕一些事情的自由。像是現在大家要集資買禮物的時候，他會自己選擇要給多少錢，有時候一毛也不給。他會參加大多數的公司或團隊活動，但也保有自己的權利，在有其他更重要的事情的情況下提早離席或缺席。一年之後，他換到另一家大公司工作，那裡的嚴肅風格比較適合他。他仍在臉書上與當初那位團隊助理及其他同事保持聯繫，看到他們的生活一切照舊——每個月一起去吃比薩，有時候去看電影或打保齡球。「從照片裡可以看得出來他們為此感到快樂。」但史帝凡也因為他的世界變得不一樣了而感到快樂。

務實的幫助

許多公司會以務實的方式、真誠而努力地支持自己的員工，好比免費員工餐、公司日托服務等。但雇主有時候也能以截然不同、簡潔明確的方式達到幫助的效益。我以前有些同事會在排班的時候挑定伴侶不用上班、可以待在家的日子。對於創造一段長期、幸福的關係，只在特定時間與伴侶一起待在家裡，並且情願在工作上建立良好友誼，是相當有益的作法。心懷惡意的人會說許多男性進辦公室也是為了逃避家事和育兒，但那當然是錯誤的觀念，相反地，那些人只是不想要在家裡礙事。

處理熱血心腸的絕頂妙策：鼓勵他們為自己著想

如果有位熱血心腸想要為你做一些事或只是想要表現善意，不要馬上拒絕他們。那會對他們造成不必要的傷害、使他們變成敵人，這對你而言弊大於利，特別是因為他們在緊急時刻可以是不錯的夥伴。感謝他們的奉獻，那已經可以帶給他們一半的快樂了，然後你再以逐案辦理的基礎決定自己要接受、婉拒哪些幫助，而且也不需要向對方交代理由。認可他們就是有興趣在那裡幫助他人，但也時不時鼓勵他們要多為自己想想，這樣才可以常保力量、幫助他人。他們會很感激有人理解他們的觀點，並考量到他們的需求。

第五類討厭鬼：過分積極的問題解決者
——有效率到很多事情都搞不清楚

將自己的人生當作無盡的待辦事項清單：這類討厭鬼藉由他們的行動計畫、優先順序與做事方法使人厭煩。雖然他們確實比其他人完成更多事，但他們錯失了順勢、樂趣與享受。

過去可能有一些時代，男性會在困難的中年時期買一輛保時捷（Porsche）敞篷車或哈雷（Harley Davidson）重型機車，馳騁在美國大西部。在今天看來，那看起來過於唯物主義、貪圖享樂。但到頭來，說這種話的人會吃牛排、喝威士忌、抽香菸，他們寧可將自己塞入高科技跑褲（高解析度質地、超精密肢體分區、專利3D微氣候系統）、為馬拉松做訓練。這些苦行者閃閃發亮的眼睛盯著手上的蘋果手錶，看自己的脈搏和血氧飽和度是否落在

「最佳範圍」之內。是的話，一抹笑容就會在他們憔悴的臉上綻放開來，然後調整一下正在播放Spotify「跑步歌單」的耳機。

可惜的是，如果你不是一個滿懷壯志的經理，有辦法激勵至少兩、三位同事一起跑的話，這種活動挺孤單的。比起在溫暖舒適的公寓裡看著Netflix影集、喝著紅酒，非常少有人的伴侶也想要在各種天氣下一起跑過荒涼的鄉間道路。但那正是我們最優秀的佼佼者獲得滿足的泉源。「每當你想要做一些重大改變，首先，你要做的第一件事就是提高自己的標準。」東尼．羅賓斯曾經如此說道：「通往成功的路徑就是採取強烈、充滿決心的動作。」所以說，下次可能要來個雙倍超級鐵人三項囉？

壓力源自不斷想要做些什麼

有時候我們會遇到一些人正是我們大家想要成為的模樣，非常有條理，且行為舉止也很有邏輯、始終如一，就像我們希望自己能夠辦到的那樣。他們的待辦事項清單總能如實完成、專案文件資料夾很整齊、行事曆維持得相當良好。他們能夠在期限內完成工作，或是找到好理由延遲完成。他們也會確實按照營養攝取與體能訓練計畫，達成自己的健康與健身目標。但與此同時，他們的生活常常顯得十分狹隘、受控且缺乏樂趣。這就是第五類討厭鬼——過分積極的問題解決者。他們很有效率、成就眾多，但也錯失了很多東西。他們因為很有自信，認為任何事情都一定會有個方法、技巧或「工具」，而顯得惱人。他們無法理解多數人其實想要過跟他們不同的生活，也就是更彈性、更有趣、更令人享受的生活模式。

問題解決者簡介（第五類）：挑戰自己與他人的激勵者

這類討厭鬼異常地有條理與自制力，而且不容易走心、不會覺得別人在針對他們。他們專注於如何在既有條件下（例如眼前的團隊、預算）創造出最佳結果，而為了達到這個目標，他們會研究專家寫的書或媒體、閱讀管理部落格，並使用網站和應用程式提升效率。這讓他們變得特別目標導向、務實，也能以開放的心態面對更好的點子。他們憑著高標準來激勵自己與其他人，但也傾向期待過高、要求過多，使得自己容易受到失望和過勞影響。他們的理性智商很高，但情緒智商（同理心）可以再加強。

好的一面：激勵人心、充滿鬥志。

壞的一面：盛氣凌人、微觀管理。

討人厭的原因：他們會把自己極度專注而顯得狹隘的觀點及幽微的壓力加諸於別人身上，讓別人因為他們的例子而想起自己的不足之處。

最佳對抗策略：從他們身上學習合理、自己應付得來的東西，但也要記得設限。那會讓他們感到驕傲，同時也能與他們保持一定的距離。

他們的典型特徵是持續性的行動主義，以及採取「解決辦法導向」和務實手段來處理所有事的決心。他們對自己也是這樣，對自己的要求甚至比對同事或員工來得更多。不過，他們顯然希望別人將他們視為模範並加以效仿，所以這並不是全然「自願」的事件。但也有人不想要事事總是「有條有理」、「被優先處理」、馬上「被解決」，而希望能夠先經過討論、思索與消化。可是，這種情緒與社交需求會超出問題解決者的想像力，而且他們也無法想像其他人或許不像他們一樣有能力或有意願。他們只能以缺乏動機、意志薄弱或不情願來解釋這種現象。這種思考顯示他們缺乏同理心，並對自己與他人抱持過度期待——有時候他們只會在過勞、接受諮商治療時，才會注意到這件事。

壓垮他人的要求

這讓我想到我的客戶亞妮娜（Janina），她只要看到她的部門主管坐在會議室裡、對她散發著充滿期待的光芒，就會覺得很煩。當然啦，對方總是比她還早進到會議室，而且看起來精神飽滿，一副像是他在開會之前找到一些時間在公司附近慢跑、洗澡、並預留時間先為面談做準備似的。當這位主管約在八點開會時，亞妮娜可能才剛趕在時間內溜入辦公室、泡好一杯咖啡，但對方已經開好電腦、手中握好一支筆，並把記事本擺在眼前了。他會問亞妮娜：「你好嗎？」一邊叫出簡報、一邊對她微笑：「那我們開始吧！」當她在報告時，對方似乎總會等她把句子講完。接著，每次都一樣，屢試不爽的是，他會在記事本上畫出一個矩陣組織圖、將她的問題「結構化」，抑或是三個互相交集的圓、然後在各個區塊寫上標籤之後揭示「啊哈！」頓悟時刻，說：「這就把問題放到截然不同的視角裡了，對吧？」對於自己到底為什麼對此感到很煩，亞妮娜想了很久，畢竟她自己其實也喜歡以計畫周密有序的方式工作。但她會想要先討論自己的感受、不確定之處和疑慮，而非總是需要馬上找到實際解決辦法，她說：「他讓我覺得自己一團糟。」對方的每一個建議在在助長著她的自我懷疑。

「必須更有條不紊、更有組織地工作」讓她感到無以言喻的壓力。「在我之前的所有工作裡，我的作法一向足夠。雖然我覺得很煩、很不想承認，但我現在確實注意到自己的一些極限。」她過去自學了很多東西，一直到後來出社會工作時才取得應用科技大學學位。「但相較於那些在二十出頭歲就去讀大學的人，我總覺得自己處於劣勢。」她知道別人尊重自己、看重自己，包括她的老闆也是。她表示：「可是，我有很多事情不懂，現在還必須聽比我年輕的老闆的話，讓我覺得很丟臉。」儘管對方會耐心地解釋每一件事，必要的話也會重複解釋，並寄文件和待辦事項清單給她，「但有時候他會說『如果你處理不來的話，我會幫你列出結構』之類的話」，這在亞妮娜耳裡聽起來幾乎像是威脅。

她感到畏怯，不確定自己是不是不夠稱職。「我可能會去做一些進修訓練，或試著調到我可以自己處理得來的部門。我不想要一直感受到壓力，或是覺得好像必須有人牽著我的手走。」

理論家的世界觀也沒什麼幫助

當講師、諮商師或策略分析師想要將所謂的轉機，像是「前所未有地快速、不確定性更高」合理化時，他們會說我們現在生活在「VUKA」世界中，也就是「易變性」（Volatilität）、

「不確定性」（Ungewissheit）、「複雜性」（Komplexität）與「模糊性」（Ambiguität）的縮寫。這個概念約於三十年前開始在美國流行，但人們如今仍將它視為一種創新。每當有人在講座或研討會上提到這個術語時，觀眾就會喜悅地顫抖、彼此交換驕傲的眼神，說：「所以我們現在活在如此危險、前所未有的時代啊！」然後大家就放鬆地搭上公車、火車或汽車回家。

如今，人們必須在開放式辦公室、充滿家電且遠端控溫的公寓，以及下一次假期之間穿梭。相較之下，以前的時代除了戰爭、飢荒與瘟疫之外，其實全都像是在公園散步一般輕鬆。例如，我的祖父生活於一九一五至一九七〇年之間，那是一個穩定、安全、可預測的年代。雖然他年幼時在第一次世界大戰中喪父，在全球經濟危機、通貨膨脹與後來導致第二次世界大戰的納粹極權中長大，然後陷在共產統治那一邊，更別提他還必須兼職當司機，但我很確定，他如果看到現在的世界一定會說：「幸好我們不用經歷VUKA世界！」

我想說的是：我們所聽到、讀到的這些論點、模型和方法，有很大一部分都是不切實際的瞎扯，或是頂多只能讓理論家感到興奮。舉例來說，讓我們來想想馬里諦斯・貝爾賓（Meredith Belbin）於一九八一年提出的「團隊角色」[10]，其中包含整整九種角色，但如果你

---

10 詳見R. Meredith Belbin: *Management Teams: Why they succeed or fail.* 2. Auflage. Butterworth Heinemann, Oxford, 2003

今天很不幸，團隊中的人數較多或較少，或是沒有任何一個人是「創新者」、「協調者」或「監察員」呢？那動機因子為何？沒錯，動機可以是「內在」（源自事件或人本身）或「外在」（來自外部）的，但除此之外呢？這也可以套用至那些不斷在簡報中增生的圖表，所有的曲線圖、圓餅圖、長條圖和矩陣組織圖看起來都很棒，但它們可能就只是繪製精美的老舊資料或錯誤資料。實踐者馬上就會開始起疑了。

如果其他辦法都行不通的話，經驗豐富的理論家會把自己缺乏點子或實務經驗的事實隱藏起來，而作法是直接把古老的主題改用英文術語呈現，弄得像新的一樣。著名的組織訣竅變成優秀的「Lifehack」（生活妙招）、態度變成「Mindset」（心態）、害怕錯過的現象變成「Fear of Missing Out」（錯失恐懼症）……你已經成為「Trendscout」（潮流偵查員）了！女經理可以先抱怨「Mansplaining」（男性說教），然後再抱怨「Stealthing」（偷摘保險套），最後是「Regretting Motherhood」（後悔當媽媽），畢竟以前從來沒人有過專橫的丈夫、避孕失敗或有時候寧可沒生的小孩嘛。於是，一篇關於這個主題的LinkedIn短文就出現了！

不太理解怎麼會有人跟他們目標不同

問題解決者認為自己以解決辦法為導向、具備競爭精神，以分析眼光處理事情、以務實態度加以執行，從不畏懼自己面對事情。他們觀察到許多人因為他們宏大的表現而仰慕他們、受到他們的熱忱感染，並將他們視為專業上或私領域中的模範。這令問題解決者更加費解，想不通為什麼有些人會公開或被動地（照本宣科地工作）抗拒他們、不願意順著他們走。不過，也有些人可以感覺到問題解決者不斷地過度要求自己，所以很自然地會期待別人做到一樣的事。此外，並不是每個人在人生中的優先順序皆相同，或是並不是每個人都認為，舉例來說，像是家人、朋友或興趣是最重要的事，這些現象都讓問題解決者難以理解。

向他們學習，不要立刻拒絕

立刻拒絕他們的建議沒有什麼意義，它們基本上是正確的，也經過縝密思考了。你的拒絕會令他們難以理解，而他們唯一能想到的解釋是你缺乏動機、知識與經驗過少，或者缺乏野心。當別人基於不同背景或優先順序、而無法或不想要跟他們做一樣的事情時，通常會完全超乎他們的理解範圍。與第五類討厭鬼討論事情的時候，通常會以一種無語的局面收尾，也就是說，假如他們已經將自己所有的務實建議（實踐作法、處理方法）都告訴你了，但卻沒有藉此達到任何進展，那他們就想不出任何其他方法了。兩人的關係很快就會降到冰點，他們會開始抽身，或者嘗試巧妙但絕對正當地擺脫這段關係（例如指派對方去做其他工作或採取內部調職）。

在面對問題解決者時，如果你能夠拓展他們的觀點，讓他們也能考慮到並不是所有人的生產力與投入程度都跟他們一樣（而且那樣的目標既不可能、也不必要），那你就可以有所推進。這個世界總需要有人「照本宣科地」工作、去做那些其他人很快就會覺得無聊不幹的例行事務。公司裡的「明星人物」很貴、要求很多，又希望公司可以交付他們適切的任務（這種任務也不是天天都有），否則他們到了某個時間點就會辭職，因為他們總能迅速找到新工作。你可以時不時向問題解決者解釋這件事。基於他們的聰明才智與務實主義，他們將能夠理解，也會對別人要求少一點。接著，你可以提醒他們，他們本身在職涯中或私人生活中，也會碰到一些階段無法像平常一樣達成這麼多事，像是正值建立或拓展家庭時、一邊工作一邊進修時，或是生病時。最後，引導他們將精力放到團隊中真正想要或需要特別關照或支持的人。此時，他們可以扮演導師的角色，而不是向人施壓，這樣一來，就可以真正做出改變，而不會惹人討厭。

有鑒於他們的務實主義及其他有用處的優點，這一類討厭鬼絕對能夠成為你的夥伴。他們對大家講話都很坦率、真誠，能讓周遭的人感覺自己受到看重，即使僅有短暫接觸也一樣。他們連要求最高的工作都能輕鬆完成；有邏輯地思考問題、有條理地加以處理，對他們而言輕而易舉。這讓他們的工作很有成效。與此同時，大家一般來說都很尊重、看重他們，所以他們總是能夠找到許多支持者。這份認同消除了他們所深藏的自我懷疑，並使他們在生涯道路上更加壯大。

探索情緒層面

埋藏在問題解決者的行為背後的，是非常務實、非常解決辦法導向的處事方法，他們專注在行得通且好的事物，而且得適用於所有人身上。他們自己已經認清一件事：當他們不把事情太放在心上、不要花太多時間批評，那就可以省下很多時間與精力。不過，他們經常發現，並不是每個人都同樣採取這個方式，而這其中的原因是，他們本身會以非常理智、高度分析的方式處理事情——問題是什麼?可以採取什麼行動?相較之下，其他人想要先釐清、表達自己的感受，但如果問題解決者也能夠理解這種情緒觀點的話，那大家的關係就能大大獲益。討論小組或工作坊都是促進這個目標的好方法，而且理想上最好辦在公司外頭。

將更多工作委派給別人

你自己滿有可能會採取較投入、務實的方法來處理工作，但其他人卻沒有照樣做。在這種情況下，請確保自己在職場上或生活中將更多工作委派給別人。例如，你之前在合作專案中總是自己訂定、掌握重點任務，那麼，現在就有意識地把這項工作交給其他比較年輕、經驗較少或投入較少的人去做吧。這麼做的目的並不是要讓你馬上解脫，而是給別人機會、和緩地施壓，讓他們可以跟你一起成長。以中程結果來看，這樣能減輕你的負擔、大幅提升你的氣力，並進一步讓你辦事更有效益。此外，時不時花些時間去想想那些不像你那麼強、那麼積極的人與他們的觀點。不是要你去改變他們（這是他們自己的課題），而是去認識你自己本身的這些層面，並發現它們在特定人生階段的價值。尤其是偶爾任由一些事情自己發生的能力，可以幫你免於超出負荷以及長期過勞的狀態。

出乎意料的升遷

我客戶亞妮娜的問題意外地自己解決了。某一天，她的主管召開會議，告訴大家他決定要自己創業，他會繼續替公司工作，但改以獨立顧問的身分進行。他眨了眨眼，說：「所以你們無法徹底擺脫我喔。」同事們大笑，聽起來像是鬆了一口氣，十分快樂。他將職位交接給他的副手，幾個月後，大家發現新主管既友善又有能力，但顯然普通許多。亞妮娜發現自己偶爾會回想起前主管，猜想對方可能會要求她做什麼、可能會做出什麼決策。她自己有時候會畫一下矩陣組織圖或圓餅圖，或是建立流程圖、開會議程與行事曆，然後自己莞爾一笑，以前她被這些東西搞得多煩啊。她最後終於下定決心嘗試應徵團隊副長的職位，並且順利得到工作。她說：「他讓我成為更好的員工，對一個主管來說，再也找不到比這個更棒的讚美了。」

真正的問題夠多了

我曾經在一個保險的看板廣告上讀到：「你知道舔郵票可以燃燒三．九大卡的卡路里嗎？」我就想：「舔我比較快！用小知識做行銷是千禧年初期的東西了吧。」在那個時代，我們還沒有什麼真正的問題，人們必須自己去找問題，像是「有趣的事實」（Fun Facts）、「智力開發」、《肖特錦集》（*Schotts Sammelsurium*）的無用小知識、「FOCUS」或「誰是百萬富翁？」（Wer wird Millionär?）等應用程式。後來多虧了政治，大家再也不用這麼麻煩。從現在一直到下一個十年，我們都有足夠的真實問題可以煩惱。除了理論家之外，如果至少可以生出兩、三個有決心的實踐者，那我們就可以偷笑了。

處理問題解決者的絕頂妙策：從他們身上學習如何劃定界線

基本上，你應該要感激這些千古不朽的「優化家」。即使他們缺乏界線感及某種程度上的同理心，但他們可以是很棒的學習對象。你就以自己目前可能需要、可能辦得到的程度為基礎，去看看他們的組織、處事方法與工具（網站、應用程式等）。此外，大方說出自己目前辦不到或不想做的事：「非常感謝，但這個現在對我來說有點太多了。我會先把它記下來，等我可以處理的時候再回來弄。」這樣做對大家都有好處，同時也是切合實際的資源規劃，就這個例子而言，你正根據自己的能力來擔負並執行任務。這樣一來，你會發現，問題解決者在面對你的時候也同樣會退一步，讓你按照自己的步調做事。

第六類討厭鬼：自命不凡的空想家——只要自己不用動手都願意幫忙

愛教育別人，但自己根本不會照做：這類討厭鬼藉由偽善與傲慢使人厭煩，那是他們用來消除自己良知中的內疚感的主要工具，但他們立意良善。

三年前，我和一位女性友人坐在咖啡廳內，她是一家數位公司的資深公關經理。有好幾年的時間，她持續通勤，往返於住家與公司海外總部之間（星期一飛過去、星期五再飛回來），所以，她和丈夫一直以來都有兩間公寓。他們放假時，總是會找一些奢華的旅遊行程，像是去納米比亞狩獵旅行，或是在加州酒莊待個幾週，盡情享受、放鬆身心。「不能再這樣下去了。」這位友人若有所思地跟我說：「我們必須更加注重我們的星球、改變我們的思考模式，就像格蕾塔說的那樣。環境對我來說一直都是非常重要的事。」

我震驚地看著她，不確定她是不是在故意反諷、很快就會揭穿自己：「我只是開玩笑的啦，我們已經訂好下一趟旅行了，這次要去坐超讚的船，到薩摩亞跳島。」但沒有，她是認真的。我聽到的反而是：「我不明白為什麼你會遲疑耶。」同時看見她坐直身子、露出稍皺眉頭的神情，說：「難道不管我們的未來變成怎樣，你都隨便嗎？我們大家現在都必須盡好自己的職責！」為了不要破壞那頓早餐，我迅速表示認同。隔年，她因為新冠疫情爆發、各地開始封城而無法繼續通勤上班，但她訂了一趟環遊世界的旅行，因為她和丈夫「再也受不了」他們那間兩百四十平方公尺大的主要住處了。

幾乎無法執行的理想

有些人的言語與行動之間的落差特別大，但他們自己根本沒察覺到。他們的立意良善、道德感很重，幾乎是理想中的標準，不過他們通常會把它拿來套用在別人身上。他們覺得自己能夠從中豁免，因為他們已經透過道德領導為大家指引方向了，像是「建立模範」，而且他們也很幸運地藉此獲得讚譽，除此之外，他們不必付出任何代價。這就是第六類討厭鬼——自命不凡的空想家。他們真心想讓世界變得更好，只要自己不用動手就好。他們惱人的地方在於自以為是、自認高尚的態度，通常會讓人覺得相當偽善、道貌岸然。他們藉由這種作法，緩解自己良知中的內疚感，而這份理想在現實中幾乎不可行的事實，更是令他們自己感到難受。

空想家簡介（第六類）：容易龜縮的理想主義者

這類討厭鬼覺得自己能跟全人類、全世界產生共鳴，確信自身作為能為他人帶來影響，並秉持著這般信念待人處事。舉例來說，他們會購買有機與公平貿易的產品、支持綠色和平組織（Greenpeace）及德國環境與自然保護聯盟（Bund für Umwelt und Naturschutz Deutschland e.V.，BUND），相信這些行為能改善整體環境。他們知道每個人都有自己的問題、需要別人幫助，而他們也很樂意伸出援手。不過，他們不想讓自己投入到任何事情中，或甚至是限制自己。好比說，他們會支付碳費，反正他們也沒有虧到什麼，但他們不會捨棄自己的下一次飛行。有些人會指控他們是只會出一張嘴、不切實際的理想主義者，而他們會因此感到受傷。

好的一面：胸懷壯志的夢想家

壞的一面：表裡不一的偽君子

討人厭的原因：他們的道德優越感，並不總是符合他們的行為。

最佳對抗策略：讓他們意識到自己過度理想化的想法於實踐上的困難處及後果，這能讓他們往好的方向發展、變得腳踏實地。

他們的典型作法是只會出一張嘴的道德說教，搭配改變世界的渴望，但同時，他們自己的行為又經常顯得相當自私。他們不想將任何實際限制強加於自己身上，所以偏好只去做一些讓人觀感良好、也不用花什麼力氣的「象徵行動」、「示意」與「訊號」。但另一方面，其他人不應該對此過於大驚小怪，而且得準備好為他們自認正當的理由做出犧牲。這類討厭鬼喜歡將無法理解這些道理的人當作固執、不懂事的小孩來對待，覺得對方需要有人「提供更清楚的解釋」、「手把手地帶領」，或甚至強迫。他們相信自己已經啟蒙了、是正確的，所以即使他們理論上宣稱自己熱愛人類與正念，他們仍能趾高氣揚地說：「你大概還沒準備好吧！」雖然他們自稱是「共感人」（Empath），特點是平常會不斷問說「那對你會有什麼影響呢？」，隨時可以吐出一句在瑜珈課聽來的佛陀名言，但在遇上反抗聲音時，就會突然變得非常暴躁、刻薄。

高高在上的老大哥／姐

說到這裡，我想起一位名叫派崔克（Patrik）的客戶，他對他的總經理認識得愈深入，就覺得愈來愈幻滅。派崔克在對方所經營的廣告公司擔任文案寫手，如果只看到她電腦上貼的「拜五顧未來」、「以體制變遷取代氣候變遷」（Systemwandel statt Klimawandel）等貼紙，他大概仍會覺得她是一個致力於環境保護的人。不過，他現在知道，她和伴侶同住的公寓，是他住處的三倍大、她在丹麥有一棟度假屋，然後會去加州、峇里島或印度度假，通常是參加瑜伽僻靜營。理論上，她也支持使用載貨自行車，但她經常開一台奧迪（Audi）的運動型休旅車出門，這是她爸送她的三十五歲生日禮物。

在工作上，派崔克也有類似的矛盾感受。他的老闆為人確實非常友善，也總是強調創造「正念環境」、「工作自決」與「融洽氛圍」。但與此同時，她給的指示又往往偏具體、詳盡，即使她總是面帶笑容，而且會刻意選擇聽起來像是自由選擇、分工合作的用詞。到頭來，「我想邀請你加入」仍舊意味著「事情就該這麼辦」。她的「自決」意思是，她可以臨時起意延長她在丹麥的休假時光，然後用電子郵件和電話把一大堆工作胡亂丟給團隊，說：「你們自己看要怎麼分配工作，只要能做完就好了。」

其實早在面試時，過程就已經很顛簸了。她不想要給他明確的職務描述，或是將他明確指派給內部哪一位主管——「職稱在我們這裡沒那麼重要。」派崔克略帶怨懟地想：「如果你是總經理又賺最多錢，當然可以一派輕鬆地這樣說。」不過，由於當時缺乏其他選項，即使薪水只是一般般，他還是很高興自己終於找到工作了。

可是，他很快就開始感到惱火了：他老闆永遠不在、工作毫無條理可言，而且工作總是過量。他的上司顯然活在不同世界。年終時，她公布說今年沒有現金分紅，因為公司決定以大家的名義捐出等量的金額植樹。「那對你們絕對有好處，而且也符合我們的永續目標。」派崔克對此氣到不行。他需要錢，但什麼也沒說，因為其他同事都在鼓掌。他不確定他們真正的想法到底是什麼，但他很清楚，自己必須作出改變。

自詡的道德公關很快就會走樣

我們大家活在一個道德要求極高的時代。《柏林日報》（*Berliner Zeitung*）刊登了一篇報導讚揚一位整形外科醫師，包括他的工作和伴侶，一位阿育吠陀（Ayurveda）瑜伽老師[11]。動物保護組織「善待動物組織」（PETA）頒了一個獎項給他們，因為他們於自家一百二十平方公尺寬的建築師設計公寓裝設的三溫暖設備以及「由綠色石英岩打造的廚房調理台」完全符合純素主義，也就是沒有使用任何皮料、羊毛或蠶絲。「於這對伴侶的客廳內，艾斯特・布魯茲庫斯（Ester Bruzkus）絕妙的火爐設計正前方……佈置了一條顏色漸層迷人的手織毯，屬植物性，製作材料為純植物絲。」他們是跟葡萄牙的專門工匠訂購的。

這對伴侶在談到永續與氣候友善的生活型態時，表示現在「任何東西皆有更好的高品質、零殘忍替代選項」，同時又在Instagram上分享最近去美國西礁島（Key West）、希臘米克諾斯島（Mykonos）和新加坡的照片。「尤其在高價位的範疇內，毯子幾乎都是用蠶

---

11 *Berliner Zeitung*, »Leben ohne Leiden: Diese Berliner Wohnung wurde komplett vegan eingerichtet«, 23. Juli 2022, https://www.berliner-zeitung. de/mensch-metropole/leben-ohne-leiden-diese-berliner-wohnung-wurdekomplett-vegan-eingerichtet-li.248742

絲製作的，簾幔也常會包含羊毛成分。」那些仍在買宜家家居（Ikea）、奧地利家具百貨（XXXLutz）產品來裝修佔地六十五平方公尺的郊區住處的人，就是還不瞭解當今時代的寓意啦，即使他們只買得起用合成纖維做的窗簾和毯子、一年頂多只能飛去西班牙玩個一次。

在新冠肺炎疫情最嚴重的時刻，樂壇億萬富婆瑪丹娜（Madonna）必須在灑滿玫瑰花瓣的牛奶浴中拍攝。不管有多少財富或名聲都不重要（她在Instagram上如此輕聲細訴），而本人在比佛利山莊的自家別墅內，顯然才剛打完肉毒桿菌和填充劑，整個人煥然一新。「它（作者注：新冠病毒）是巨大的平衡器。」背景點著香氛蠟燭、播放著柔和的鋼琴音樂。這波病毒讓她非常有感而發：「它糟糕的一面同時也是很棒的一面[12]。」她都這麼說了，哪個家裡只有兩個房間、一間浴室和短時工津貼（Kurzarbeitergeld）的人還會抱怨呢？大概連她的拍攝團隊都不會吧。

如今，每位受雇者都很習慣管理部門樓層盛行的道德主義、高薪階層的五四三了。例如波士頓顧問公司（Boston Consulting Group）就在他們的職涯通訊報中寫道：「若我們始於來世，那我們所能為世界帶來的改變便沒有極限。」現在走到哪裡都一樣，大家都想讓社會和地球成為更好的地方。「來世才是我們真正能夠改變、革新並創造未來的地方。我們在這裡先克服界線、超越界線。」任何讀者都明白，他們在真誠生活中無法獲得的想法與文字，也會在來世才能尋得最終的安息處。但實際上，這類公關散文的意思常常是：我們都在同一艘船上，但你們現在可以划船了。」

不是每個人都能理解他們其實立意良善

第六類討厭鬼認為自己是那種能夠綜觀全局、以特殊角度觀看世界的人，可能是靠直覺，或甚至是靈性的方式。他們很確定自己比其他人更懂得辨認、理解更加宏觀的脈絡，所以能夠讓這個世界變得更好、更和平、更和諧，甚至還能治癒它。他們認為，象徵性的行動（分享訊息、發表聲明）是個重要的開端，能夠啟發、鼓勵他人去做相同的事。其他人會覺得他們自以為是、只會出一張嘴，然後動不動就批評、貶低不同觀點。在他人眼裡，這類討厭鬼的言行經常看起來不甚一致（說一套、做一套；提倡喝水好，但自己只喝酒），徒具一副自己描繪出來的愛說教、偽善德性。

---

12 *Stern*, »Madonna postet merkwürdiges Instagram-Video«, 23. März 2020, https://www.stern.de/lifestyle/leute/corona-krise--madonna-postet-merkwuerdiges-instagram-video-9194468.html

不過，如果要貶低他們的整體想法或認為他們不切實際，其實並沒有意義。「你不能永遠只想著自己、堅持維持現狀。」這些討厭鬼會譴責你，並暗自認為：「世界現在會長這個樣子就是因為這些人啦。」這是因為他們覺得自己至少在道德上優於他人，而且只能用「缺乏洞見或基本動機」來解釋他人為什麼會抵抗，例如，自私的消費主義或不顧後果的資源浪費等等。如果討論進一步切入細節，他們很快就會變得不確定了，也會發現自己其實對很多議題的瞭解非常表面（例如經濟、科技或自然資源）。於是，他們傾向置之不理，聲稱它們只是轉移注意力的戰術或毫不相關——「那不是我們現在在講的東西！」但與此同時，他們希望事情不會像自己所懷疑的那樣，而是會「以某種方式成功解決」。

承認自己被說服了

在面對空想家時，如果你能先認可他們的努力，那就可以將事情往前推進。你通常應該非常理想化、頗為相信理論，但說出來的話很誠心。你的肯定會讓他們心存感激，而且由於你看起來原則上同意他們的說法了，那他們就會比較願意討論他們想法的實際面。最好的情境是，他們接下來會準備好做出驚人的妥協，因為他們的智慧會告訴他們，如果不這樣做的話，自己便無法執行任何事。一般來說，如果情況皆能符合雙方需求的話，便可以找出好的分工：空想家負責銷售具備吸引力且能夠啟發他人、贏得人心的願景，而由買單的人擔起更佳實踐者的角色。有時候你可以用他們自己的標準來審視他們，溫柔地糾正一下他們那稍嫌居高臨下、毫不切身的世界觀。舉例來說，假如他們正在計畫某個全面性的全球行動，你可以提醒他們保有個人自由、讓別人享有自決的尊嚴等狀況的重要性。這麼做會呈現出進退兩難的情境，但同時也能讓他們知道，問題的解決方法必須稍微再更複雜、考慮更多面向。

認可空想家的同理心與智慧，並讓他們知道你欣賞他們的哪些地方。他們在思考時會超越自身，並在某種程度上覺得自己能與大家產生共鳴，不論是其他同為人類的對象、同住在地球上或宇宙中的生物皆然。他們的關係特徵通常包括信任、理解以及高道德標準。他們對於認識別人「原本的模樣」懷有高度興趣，也能夠直覺地「讀出弦外之音」。他們會因為世界常常不如「本該如此」的想像而感到挫折，而你的這份認同可以安慰他們的挫折，並鼓勵他們繼續嘗試各種可能性。

以數字校準感覺

藏在這類討厭鬼的行為背後的，是全面的世界觀：他們認為自己的個人決定與行為嵌在更廣泛的脈絡之中。這個脈絡可能單純是全世界，抑或是更偏向靈性層面的全宇宙，取決於個人的信念。對他們而言，就連很小的事情（例如購買有機產品、捐款等）都能帶來巨大的不同。這其中的原因是，他們在別人的身上看見自己，所以覺得自己對他們有責任。他們憑藉著直覺做出許多決定。他們總是會去看一些客觀的數字（例如統計、計算）以檢驗自己的感覺，而這種做法能讓他們獲得最多益處。如果他們還不太瞭解這件事的話，應該花些時間去多學學。

拓展自己的世界觀

如果你也會相當理想化地希望世界成為更好的地方，並在發現事情於現實中經常大相逕庭而清醒幻滅，那你可以培養一個習慣：每天抽出至少五分鐘，從所有工作、事務中休息一下。短暫的冥想、無聲或有聲地唸一段啟發人心的文字或禱詞，皆能強化你和自己的連結、提升心靈層面。你可以在許多不同傳統及現代的書寫中找到靈感範本，相關的應用程式也可以幫助你挖掘自己的這個面向。即使日常生活中已經沒有太多空間了，還是盡量花一些時間去處理生命的基本議題。試著質疑過去習得的假設、以它們為基礎進一步擴展，並尋得自己的答案，於團體內或獨自進行皆可。這樣不只能拓展你的世界觀，也能幫助你更進一步地瞭解其他人類同伴及其限制。

重新定位

我的客戶派崔克從那間廣告公司辭職了。他後來開始到愈來愈多地方投遞求職履歷，因為他覺得他們老闆的期待與現實之間的差距實在過大。最後，他在一家由業主自營的中型公司找到工作。「這個老闆話不多，也沒參與勞資協商，而且他給的薪水高於基本需求。當公司在新冠疫情期間銷售量大減時，他主動提高短時工津貼，也沒有資遣任何員工。」他後來從前同事那裡聽說，他的前老闆因為開支造假而遭解雇。「但那大概只是表層原因。人家說，她待在度假小屋的時間有點太多、在辦公室有點太少了。」他有時候會在Instagram上看見她上傳新的旅遊照片，不禁笑道：「關於氣候保護的事，大概已經不再那麼重要了吧。」

他猜，她在經過一段寬限期之後，應該會再重新跑出來、擔任起價值取向以及女性領導的榜樣吧。「但我不在乎啦，大家都得自己去發現藏在背後的到底是什麼。」

天真無邪得令人動容

我在LinkedIn上看見一張組圖拼了六張畫，標題寫道：「大自然治癒了我。」它們以兒童的畫作為基礎，呈現出一個身在森林中的裸體人像，並配上以下這段描述：「星星告訴我、提醒我：我不孤單。輕風溫柔地擁抱我。樹木聆聽我的悲傷。鳥兒的歌聲使我的悲傷消散。陽光驅趕我的黑暗。自然接受真實的我。」這段話天真無邪得令人動容；那些在都市公寓內夢想著野外、懼怕黑暗、無法辨識森林內的植物或動物的人（更別說要保護那些動植物了），能夠與這段文字產生共鳴。對此，你可以莞爾一笑，也可以因為知道有些人還抱有夢想而心存感激。

處理空想家的絕頂妙策：以他們自己的標準來檢視他們

不要跟這類討厭鬼討論他們自己聲稱的理想目標，這些目標通常都會有人表示支持，尤其是至少心存些許良善的人。公開表達反對意見只會讓自己看起來人品很差。同樣地，不要永遠耗在哲學性、理論性的討論上，那些是空想家最喜歡逗留徘徊的地方。反而盡量將他們拉入非常具體、務實的問題，例如：「我確切到底應該怎麼做？我們該怎麼著手開始呢？」必要的時候，可以故意裝笨，這樣他們就會被迫擔起執行以及面對結果的責任。你會看到他們忽然之間、出乎意料地願意讓步了，或甚至做出跟他們聲稱的信念完全相反的動作，因為除此之外已經沒有別的辦法了。

第七類討厭鬼：事不關己的解釋魔人

——高處總是不勝寒

冷漠的眼神，有如事不關己的沈思者：這一類討厭鬼藉由冷漠、事不關己，以及自以為比其他所有人都來得聰明的態度使人厭煩。不過，他們通常缺乏同理心與務實感。

長久以來，人們一向將「極簡主義」視為工作過勞專業人士的解套方式。如果行事曆已經塞到爆滿了，至少公寓要是空的吧？最後，再來個深呼吸——在永遠都累得喘不過氣的時候進行「自療呼吸法」（Breathwork）。在沒有套上任何床包的床墊上，獨自進行禪定冥想，旁邊或許還有一張宜家家居的桌子用來擺放必備的佛像，反正本來就沒有私生活了嘛。這種斯巴達式的生活風格，同時也可以解決錢不夠或不敢購物的問題，還能在Instagram上呈現出有意識禁斷購物慾的樣子。如果冰箱裡只剩下幾瓶果汁，就可以宣稱自己在執行斷食療法，以「排毒」、淨化工作相關的壓力。這種作法並沒有科學證據背書，但可以獲得朋友的認同。

在這種情況下，儘管現在大家都有環保意識，但度假的飛行距離永遠不嫌遠。事情一旦涉及個人發展，碳平衡就必須去旁邊坐冷板凳了，畢竟，我們總是想看看不同的東西嘛。那些在世界上最美的地方參與氣候會議的一線政治人物與運動人士也沒什麼不一樣，一個人的活動內容也可以同時包含：在亞馬遜流域的原住民族部落內攝取藥物、拓展意識，再到峇里島參加瑜伽僻靜營、到印度的棕櫚葉圖書館獲得個人啟示。這也能對「星球療癒」有所貢獻，因為畢竟我們已經身處在「鉅變」（die große Transformation）的時代了嘛。

冷漠的分析者，令人不禁發寒

有些人能夠以客觀的角度看待事情（至少持續一段時間），來將自己排除於一切之外，針對眼前情況進行省思。這可以幫助他們排除所有錯覺、執行清楚的分析，包括：我們究竟是誰？我們真正的動機與可能的發展為何？這在做決策時尤其是個好方法，可以讓人忘乎當天的情緒。但與此同時，這種觀點顯得遙遠脫離、過於深思熟慮，而且對於實際改變不夠感興趣。這就是第七類討厭鬼——事不關己的解釋魔人。他們已經花了很多心力、更加深入地瞭解自己與他人，像是透過閱讀人格分析以及發展等主題的書籍，並參加相關研討會等等。這讓他們處於「萬物之上」，但這不見得是好事——他們可能會顯得事不關己，或是對人性只有少許空泛的興趣，好像自己早就已經超越那個等級了似的。

解釋魔人之所以惱人，是因為他們是冷漠的分析者，認為自己位居萬物之上，所以他們也會因此將自己提升至那個層級，好像整個世界是他們的棋盤似的，他們會在心裡移動棋子、推演最佳棋步。這或許代表著高度智慧以及客觀性，但也顯示出他們缺乏人性與同理心。他們尤其難以理解這件事：他人不會憑藉純理性標準、全然客觀地做出決策，反而會與特定的人、地點或生活方式產生共鳴，而且「感覺」也是一項重要因素。在面對這種情況時，這一類討厭鬼會表現出有點類似自閉症的反應，就是不斷重複自己的思考模式，因為他們無法理解其他人。一旦他們必須將事情付諸實現，解釋魔人馬上就會踩煞車，或是變成徹頭徹尾的失敗者。他們對於實踐不太感興趣，而是偏好跳到下一步，去思考另一個需要動腦的迷人點子。

常常過於理論而顯得沒用

我的客戶斯維拉娜（Swetlana）任職於一間大型營造公司，她的團隊負責人讓她覺得很厭煩。自從對方開始做人格分析以及發展後，她就常常很受不了他。「根據邁爾斯—布里格斯的理論，他顯然是個ESFP型的人。」他有一次和客戶開會完之後，臉上堆著「我知道」的笑容對她說：「為人有趣、善於社交，但非常在意其他人有沒有舒服的感受。」如果她因為公司的問題感到心煩，他完全不會想為此做任何事，只會說：「那就是我們內部的動態關係啊。」如果她提到自己被工作搞得很累，他會回應：「你必須『持續磨利你的刀』，意思就是說，你要有意識地放鬆。你讀過史蒂芬·柯維（Stephen Covey）的《與成功有約：高效能人士的七個習慣》（*The 7 Habits of Highly Effective People*）了嗎？你真的必須去買那本書。」

解釋魔人（第七類）：缺乏實踐的客觀分析者

這類討厭鬼會把自己擺在一定距離之外，將周遭的人與世界視為一個整體。這讓他們內心有一股巨大的自由感。即使當他們本身處於某個情境內，但他們可以在心中將自己從中全然移除，並以旁觀者的角度來審視該情境。這種作法讓他們能夠客觀地評斷自己與他人，並且完全自由地做出可能的決策。對他們而言，有意識的經驗比持續評斷來得更加重要。另一方面，事業、物質財產與地位等傳統目標，容易令他們覺得無聊。不過，長期而言，這種最大值距離並不是我們所樂見的，因為它牴觸了人際理解與私人關係的運作。

好的一面：崇尚哲學的分析家

壞的一面：孤僻的知識份子

討人厭的原因：他們在看待別人時的距離感缺乏一定程度的人性，而且他們自己常常甚至根本沒有意識到。

最佳對抗策略：善用他們廣泛的知識與客觀的判斷，但記得加入他們或他人提供的務實作法。

然而，如果她在日常工作中遇到特定問題、跑去找他，例如無法獨自趕在期限內處理完過量的客戶來信詢問，那他的智慧很快就會捉襟見肘。「你必須設定更明確的優先順序啊。」他引用公司的「價值觀指南」，模稜兩可地說：「我們的焦點一向是『人』，這也可以套用到客戶身上。」斯維拉娜覺得對方的說法基本上是正確的，但幫助不大，她表示：「我需要可以實際執行的決策，像在這個例子裡，我想知道：如果我無法準時將所有客戶來信處理完畢，那我該採用什麼標準進行分類？」

斯維拉娜能毫不猶豫地承認，對方的評斷幾乎永遠正確，都是經過深思熟慮的答案，有條理又精準，但另一方面，它們幾乎都只在理論上管用、感覺稍微脫節，而且有時候幾乎顯得傲慢。「人不能只用哲學的角度來看待所有事情、然後盡量保持中立。」她說：「重點永遠在於『人』，就連工作上也是。那會需要具備同理心和一些熱情。」她最近觀察到她老闆的舉止究竟是哪裡令她覺得惱人，似乎是種遠方觀察者的姿態：「好像一切都不關他的事似的，或是他比我們所有人都來得高尚。」

與此同時，斯維拉娜也在考慮換公司，或至少換部門。她提到：「身為一個員工，我常常覺得自己被丟下、只剩自己。做決策對我來說不是問題，但我不想要他們只丟給我模糊的指示，然後必須由我獨自承擔責任。」而且她也覺得自己的職務（客戶服務代表）位階與薪資都太低了。「或許我不適合大企業，規模較小、業主自營的公司可能比較適合我？」她猜想，在那種規模的公司內，情況應該會比原本來得務實且實際吧。

正念當然是一項事業

個人發展與自我發掘的世界反映出資本主義中無止盡的創意與商業敏銳度，即使它總是看起來一副想要廢止資本主義似的（停止修正人，去修正體制才對！），因為所有課程、諮詢與書籍都不是透過「能量交換」便能獲得，而是要用真正的錢去購買的啊。但一直會有新東西冒出來：上一秒，「經理人專用馬術治療（pferdegestütztes Coaching）」蔚為風潮，下一秒又變成「以射箭作為個人態度指標」或「人本自我覺察高空繩索團體」，或是現在已經成為經典的「佛教脈絡的正念」，有時候還可以配上「神經生物學研究發現」或「量子力學法則」，這兩者在新時代（New Age）中皆屬於難以否決的正當理由。反正幾乎沒人懂這些東西到底是什麼。

任何踏入這個領域的人，都相當熟悉一種在社會工作與密契主義之間搖擺的新語言：「你必須挖掘『高我』（Higher Self），而且不只是『處於外在』，還必須進入『創造力』。

『轉移』你的內在心態、進入你的完整力量、清醒過來吧！」人們也可以就原本的身分來傳達改變後的「心態」（Mindset），像是完全不起眼的資訊科技顧問，現在變成「協調人兼網絡串聯人」、組織顧問變成「開拓者的好夥伴」。然後，沒有永久居留權、只拿旅遊簽證從一間Airbnb搬到下一間的部落客，變成「禪性數位遊牧者」，讓所有必須努力湊出六週年假的人嫉妒不已。

已經報名或參加僻靜營的人，可以擺個印度教導師的姿勢，雙手交疊、雙眼閉合，然後拍一張照，發布到Instagram上，弄得好像是在沈思時的隨機抓拍似的，絕對不是用他們自己iPhone的定時自拍功能拍的。接著，再配上一段發人省思的名句，可能是艾克哈特・托勒（Eckhart Tolle）、喬・卡巴金（Jon Kabat-Zinn）或達賴喇嘛說過的（雖然後者近年來稍微退流行了）。「我不是我的想法、情緒、感知或經驗，我不是我的生命的內容。」（這大概是托勒說的吧）「我是生命的本身，我是一切發生的空間，我是意識，我是此刻。我是。」[13]

經過深入閱讀與密集冥想之後，人人都將理解到，他們自身的問題清楚指向我們必須「改變體制」、「重新思考世界」並「談論之」。那麼，接下來就只剩下社會或全人類的「大轉型」了。這可能會開啟一個新的時代，有時候可能會偏重政治或靈性層面，但這次的重點會放在個人的想望。不過，一旦你開始引用「靈性世界的啟示」與「揚升大師」的名言時，你在工作上很快就會遇上問題。這樣一來，你能選擇的職涯就只剩下「靈氣導師」（Reikimeister）、「能量工作者」或「希塔療癒師」（Theta-Healer）了。

既客觀又公正地評斷情況

解釋魔人認為自己能夠綜觀大局。他們幾乎總是能馬上正確評斷眼前情況或他人，而且即便沒有立刻驗證，至少他們在一段時間過後都能見證自己的評斷屬實。但與此同時，他們根本不在乎對錯或自己的偏好。能夠輕鬆且客觀地瞭解許多事物、並將它們實際運用，例如不費吹灰之力地為某項專案計畫找到適合的支持者，這樣他們就已經很開心了。不過，另一方面，他們也察覺到，自己的評斷經常顯得孤獨。其他人可能也認可他們在智慧上的成就，但同時又會覺得這類討厭鬼很冷漠、抽離。就連他們自己也時常懷疑自己的同理心，並相信自己對於「個人命運」的興趣僅限於一定程度。不過，這些只對了一半。

攻擊他們的觀點毫無意義，他們知道自己基本上總能正確評斷事情，而且他們那些清

13 https://1000-zitate.de/autor/Eckhart+Tolle/

醒、超然的洞察經常獲得證實，儘管有時候可能要等比較久，那種「賓果」的雀躍感早就被其他東西取代了。所以說，你無法讓他們失去信心，反而只會讓他們看清你經常受到自身感受與希望影響，事後必須修正自己。同樣地，指控他們抽離、事不關己也沒有任何效益。相反地，他們只會告誡你應該要讓自己後退一些：「如果你不想一直做錯事的話，就必須擦亮眼睛、看清事情啊。」

多多鼓勵更加務實的思考方式

在面對這類討厭鬼時，如果你能認清他們有距離感的定位同時具備優、缺點的話，你就能夠有所進展，畢竟他們能夠客觀地看待事情，而且看得比多數人更清楚，但他們同時又非常抽離、事不關己。你可以鼓勵他們將正確的評斷轉譯為具體的目標以及可行的計畫。一旦你成功以適切的問題激起他們的興趣，像是「我們該從哪裡開始呢？」、「你會如何處理這種情況？」、「我們想要怎麼衡量成功呢？」那你就可以全然仰賴他們的才智與熱忱了。不然的話，就放他們走吧，千萬別嘗試約束或帶領他們。假如他們不想處理你現在指出的問題，他們就會去找其他問題來解決。如果你對這類討厭鬼有太多干涉，就只會變得礙事。所以說，你就給他們自由去尋找自己的專案計畫，然後試著成為他們團隊的一份子，這樣一來，你在每次的聯合活動上都可以有所收穫、學習他們的思考和工作方式。

如果你能夠辨認出他們有辦法全然客觀的能力，他就可以成為你的夥伴甚至是朋友。讓這些解釋魔人知道，你看見並欣賞他們的特殊強項：能夠在不隨即批判、不將自己與事情扯上關係的情況下，對事情做出謹慎的觀察。這種作法能讓他們以更宏觀的角度審視其他人類同伴、他人的行為以及生命本身，並為他們開啟更寬闊的可能性。他們同時也能擁有力量著重於自己的想法，以形塑自己的人生。你的這份認可肯定了他們的自我意象，同時並鼓勵他們不只要省思、談論事物，也要考慮到自身潛能、積極主動地去形塑它們。

旁觀者視角

隱藏在解釋魔人的行為背後的，是讓自己保持全然客觀的能力。他們知道，我們大家全都存在於許多幻覺之中，包括我們究竟是誰、我們的動機與可能發展為何等等。他們可以在心智上將自己從這一切抽離，並以旁觀者的視角來審視事情，這也包括他們自身在內。他們之所以能夠辦到這一點，全是因為他們已經花很多心力在自己身上了，為的就是更加認識自己、瞭解別人。如果他們能夠在這條路上繼續走下去，就可以發現新目標：為了那些尚未走到這個境地的人，建立同理心與善解人意的能力。他們的角色應該不再只是觀察者甚至是評論者，而是經驗豐富的同伴，不僅只一味考慮自己，也會想到別人及其目標與實踐。這樣一來，便能具備個人興趣與同理心。

練習同理

你有時候可能會發現自己比所有人更早看清眼前的情況，但卻沒有人理解或接受你的見解。這時候，請記得，有很多人沒辦法取得你的視角，抑或是只能暫時從你的角度看事情，除非他們自己也受到影響了。他們的現實是由一個不同於你、更加情緒化的視角形塑而成。舉例來說，毫無衝突的人生（第二類討厭鬼）對他們而言可能無法想像；那在他們看來是「正常」的事。而後來的生命經驗與省思，也會為他們開闢出一條繼續發展的道路。至於你，就可以溫柔地陪伴他們度過這些。偶爾試著將自己擺至前述各種不同的觀點當中（第一至六類討厭鬼），回想過去有沒有哪些情境激起你較多情緒，或是讓你的反應變得相對情緒化。各種觀點皆有其優、缺點，而且對於當事者而言，皆為當下最佳的可能性。你本身擁有這個機會，能夠有意識地在所有不同觀點當中做出選擇，並進一步使用整個光譜。

找到自己的路

儘管我的客戶斯維拉娜起初不甚情願，但後來她決定嘗試她的團隊負責人的一些建議，像是閱讀一些他最喜歡的書籍，或至少去聽他最喜歡的播客節目、YouTube演講一次看看。她表示：「並不是他喜歡的所有東西都適合我，但我至少會去讀一下它們的內容描述，看看對我來說有沒有用。」此外，她在工作上遇到特定問題時，也會開始請對方提供更詳細的資訊，或是請對方在雙方同意的前提下，允許她自己做出決策。而且，反正她自己也想要繼續進修，所以她去報名了當地應用科學大學的商業心理學證照課程。「我跟我老闆提到這件事的時候，他表示願意從他自己的預算抽錢，幫我付一半的學費。」斯維拉娜對課程充滿熱忱，因為它讓她能夠組織、拓展觀點，以不同角度審視每天在工作上會遇到的事情。斯維拉娜畢業之後，對方獲升遷為部門主管，並推薦她接任他原本的職位。「我有我自己的風格，但他當時建議我的許多東西，我現在都更能理解，也更能內化運用了。」

更高層級的事物

不管我們走到哪裡，如果只想著更高層級的事物，那將會讓完成基本本分、進行日常事務變得愈來愈困難。我們看看政治就知道了，他們嚴格控制著世界氣候的每一度，也想要解放世界上的所有人，讓大家都幸福快樂，於是便難以確保日常生活繼續照常運作。這個情況與公司運行如出一轍，由於「多元」、「平等」與「包容」儼然成為優先要務，公司便愈來愈難確保產品供應量、價格穩定性，亦或客服熱線的可及性。其實，根本沒有人想要在這些事情上繼續耗費更多時間，因為大家都已經「放下過去、繼續邁進」了。這也難怪現在大家都在呼籲宣布放棄、採取禁慾主義，如此一來，我們才總算可以投注心力管理世界，讓它成為更好的地方。

處理解釋魔人的絕頂妙策：提醒他們別人觀看世界的方式

這類討厭鬼可以為你提供有趣的見解，值得你思索一整天，有時候甚至充滿哲理。你可以善用這些見解，建立起更全面的觀點，來審視你的日常事件與擔憂。與此同時，溫柔地提醒解釋魔人，並不是所有人都能跟他們一樣如此清楚地看透人生，而是會有不同的觀點，甚至常常帶有濃厚的情緒色彩（第一至六類討厭鬼）。這麼做通常能導向有趣的對話，讓解釋魔人發現自己過去的思考與行為模式也已經跟現在不一樣了。這可以讓他們提升同理心與務實感，另一方面，你也能從這位給予你建議的人身上獲益——他們能夠成為你人生中很棒的導師、顧問或靈魂伴侶。

不同的惱人法

前面幾個章節當中，你已經認識了七種不同類型的討厭鬼，以及對付他們的基本策略。如果你記不起來或不確定，可以隨時回去複習。正如開場所說的，並不是所有類型的討厭鬼令人疲憊的程度都相當。第一類（永遠的受害者）與第二類（自以為是之人）幾乎讓人難以忍受，因為他們會大量消耗別人的能量，但從第三類（拖延症患者）之後，你能夠逐漸調適，甚至從他們的優點中獲益。我們已經概略地討論到在面對他們時，該如何捍衛自己，以及辨識自己是不是討厭鬼的方式。接下來，讓我們更進一步詳細探討他們的弱點、找出在緊急狀況中有用的處理方法，並解釋你絕對不該做的事。

請注意，所有討厭鬼（他們是真人，不只是理論上的模型）一定會混有全部七種類型的部分特徵，只不過會依照每個人的性格與情況，表達出不同程度的面貌。為了方便將你的敵手分類、瞭解他們並適切地處理他們，你應該把焦點放在最顯著的面向。其他較不顯著的面向可以忽略，因為它們所扮演的角色並不具備決定性的效果。

如何遠離討厭鬼的詭計

激起憐憫、恐嚇或威脅：每種類型的討厭鬼都有自己的方式，將你操控至對他們有利的方向。如果你能夠辨別出他們的方法，就可以擺脫他們，甚至從中學習到一些東西。

根據外觀與行為來評斷一個人絕對是無可避免的事。舉例來說，當你在雜誌中、Instagram或抖音（TikTok）上看見充滿魅力的演員或時尚、健身模特兒時，第一眼應該會覺得他們都是在遺傳基因上有先天優勢的人，同時也下了很多功夫提升外表。但那也意味著，所有人都能注意自己的飲食、去運動，或是找健身教練、造型師或整形外科醫師幫忙。這種想法非常不討喜，比起坐在沙發上觀看這些人，同時一邊吃著洋芋片、一邊憤恨地大吼：「就是這些高不可攀的審美標準毀掉我們的青春的啦！」這種想法實在太不舒服了。不過，雖然這些審美標準當然並非無法達成，卻也不是所有人都能容易辦到的差事。

幸運的是，大家現在可以繼續「做自己」，並聲稱自己是基於「身體自愛」（Body Positivity）才刻意這麼做的，這樣就會得到其他人的讚賞。許多明星正是以這種方式出道，直到他們終於累積足夠的動機、財富與專業幫助，可以擺脫過重問題、不整齊的牙齒與俗氣的時尚感為止。這時候，他們改到另一個位置，溫柔地跟大家說「內在價值」才是最重要的。為了達到這個目標，最佳方式是找來針對時代精神懺悔的時尚、化妝品或運動品牌，聯手發起「意識宣傳活動」，而其中，這些品牌在提供顧客美化服務的同時，也在道德上反對這種行為。

不過，大家不能被外觀給騙了，而這也能套用在我們的討厭鬼身上。你已經在前面章節認識到七種類型的討厭鬼，他們可能會做出特定的行為、以特定的方式工作，但卻也常常下意識地使出最精妙的詭計。好比說，他們會訴諸你的正義感或樂於助人的意願，抑或是玩弄你的恐懼與憂慮，以達成他們自己的目標。在這個章節，你可以認識他們更多的伎倆，以及該如何躲避他人的幽微操縱，並從中學習。

辨認他人操縱你的方式

不管他們剛開始有多麼難搞，但每一類討厭鬼都能為你的個人發展帶來寶貴的貢獻。你可以透過他們發掘自己的弱點，也就是被他們拿去利用的地方。注意觀察自己在遇見哪些刺激或感受時會出現強烈的反應，這些就是很容易被人拿來利用、操縱你的工具（例如同理、恐懼、憤怒等）。如果你能改變自己的觀點，那你就可以將自己從他人的影響中解放，並為人生添加更多自決的空間。

永遠的受害者（第一類）：讓他們自己受苦，直到他們願意動起來

永遠的受害者仰賴你憐憫、安慰他們，他們也希望你能給予實質的幫助，像是接手他們的工作與困難的決策。這背後的基礎是，他們認定自己無法獨自完成，所以他們會在，舉例來說，你相信自己過得比較好、而且好得不太公平，或是你能夠為別人做更多事的時候，訴諸你的同理心、願意助人之心，通常還有你良心上的愧疚感。

即使你真的很想幫忙，但你可以透過有意識地忍住、不要幫忙，將自己從這種情況中解放。讓那些永遠的受害者自己受苦，等他們終於對自己的抱怨感到厭煩、願意為自己負責並開始起身動作。這時候，你可以鼓勵他們、定期給他們信心（你可以的！）。只要回答實質問題就好，除此之外，唯有碰到緊急狀況時再出手干涉。這不是你的專案！學會等著瞧。

你可以從這個經驗中學到：長期而言，幫助他人的最佳方式並非總是立刻伸出援手，而是讓他們能夠自己去經歷事情。即使這些經驗有時候很痛苦，但它們能讓人變得更聰明、更堅強。藉由這種作法，你可以學會對那些大概比較弱的人有更多信心，此外，你也能降低自己渴望獲得他人認可，以及想要確認「事情沒有你就辦不成」等需求。

> ❝對他人最佳的幫助常常是不要出手幫忙。這樣才能激勵他們主動採取行動。❞

自以為是之人（第二類）：藉由出乎意料的認可放他們走

自以為是之人在意的，就是獲得別人的認可與支持。他們希望你可以成為他們的同夥，與他們站在同一陣線、為他們覺得好的事情奮鬥。這背後的基礎是，他們認定自己必須奮鬥、必須前進，因為沒有其他人會這麼做。為了達到這項目標，他們會以謹慎挑選過的真相作為論點，並訴諸你的忠誠，但與此同時，他們也會毫不猶豫地採取道德勒索、開放式恐嚇等手段。

如果你讓對方冷掉、起身抵抗他們、讓自己變得情緒化，將會毫無效用。你必須讓那些自以為是之人發洩一下，然後你自己就保持禮貌、隨和，等他們把自己累壞。透過「知悉」對方想法的方式認可他們（所以你覺得……），但不見得要買單、將它們變成自己的想法。這種作法要求對方給你尊重，而且時常可以讓他們開始將你視為對等，因為你有辦法保持冷靜與自信。

在這個過程中，你學會以一定程度的興趣留意別人的想法（包括那些以激烈方式表達的）但又不會為之動搖。這類討厭鬼還能傷到你什麼呢？你擁有自己的想法，也可以無所畏懼地堅守它。同樣擺在眼前的真相不見得會導向同樣的結論，大家可以用不同的方式詮釋它們，並得出屬於自己的結論。

> 如果你內心獨立，就幾乎不需要畏懼他人。他們沒有辦法掌控你。

拖延症患者（第三類）：讓他們自己決定想不想行動

拖延症患者經常將你拖入他們的思緒之中，為的是透過令人興奮的思考遊戲釋放自己的挫敗感（你覺得呢？我應不應該……？），但最後幾乎往往無疾而終。這背後的基礎是，他們相信談話本身就已經算是行動了，換句話說，他們已經在路上了。他們訴諸你那樂於助人的心，以及願意一再重複傾聽同樣選項以及其潛在優、缺點的那份耐心。

你可以點出他們重複的想法、為之下個總結（你的確一直在說……），藉此擺脫這種狀況。問他們對於眼前事件有什麼計畫，如果你只聽到空談（我在想，我是不是要……），那你就知道他們還沒準備好。這時候，你只能接受它。即使你很清楚他們到底應該怎麼做，也請忍住不要給對方建議，或向他們施壓、讓他們不得不做出決定。

你將在這個經驗中學會接受：有些人在終於準備好為自己的決定負責之前，總是需要很多時間。其中，這些決定永遠都會涉及不確定性與風險，沒有人能夠為他們承擔這些，否則也必須替他們擔起結果。在你眼裡，過了好幾年都停滯不前就是在浪費時間、錯失機會，但對其他人而言，卻是可以接受的常態。

> **人人皆有權利為自己做決定，或是逃避做決定。**

熱血心腸（第四類）：鼓勵他們採取不同以往的助人方式

熱血心腸藉由對他人不離不棄、有時候甚至幾乎將關懷強加於他人身上，以獲取人生的意義與認可。這背後的基礎是，他們相信如果沒有自己的話，其他人就無法辦到某件事（超級幫手症候群）。為此，他們擔起許多事情，並同時強化他們所認為的「他需要我」的印象。有時候他們做得太過火了，下意識地確保別人不會變得過於獨立、並因此不需要依賴他們。

擺脫這種情況的方式是，感謝他們所提供、給予的幫助，但同時清楚表明你希望未來能夠獨自做這件事。假如熱血心腸出乎意料地指控你不知感恩（所以我突然不夠好用了嘛。）也千萬不要因此卻步。你可以鼓勵他們用更寬廣的角度思索他們助人的方式，例如支持別人、讓對方有辦法自助也是一種可能性。此外，也可以鼓勵他們，或許有時候也能接受別人的幫助。

這是一個讓你徹底審視工作關係、私人關係的好機會，看看「施」與「受」至少就長期而言是否大致平衡。我們多數人剛開始會覺得其中一項比較容易，那這就是練習另一項的機會。你將學到的不只是每個人皆同時又堅強又軟弱，也會發現，堅強的人經常是基於本身的需求而做出特定行為，例如需要他人認可。

> **“幫助有時候是溫和版的家長主義，最好戒之、避之。”**

問題解決者（第五類）：誠懇且理性地辯論

問題解決者喜歡率領、引導他人，尤其是透過建立正向範例的方式。他們同樣在尋找夥伴，但他們的作法是好的，目標是共同合作。這背後的基礎是，他們堅信每個人都能夠有所貢獻，而大家一起聯手的力量最強大、也能使成就最大化。他們試著以自己的熱忱說服、激勵他人，並承諾大家能夠跟他們一起成長，以作為誘因。

你如果想要脫離這個情境，可以選擇性地參與，例如：假設你自己有其他優先事項（例如家庭或獨處時間），可以只參與特定的職涯階段或個人專案。問題解決者不太會放在心上，對於誠懇交流、理性辯論及建議解法也保持開放心態。如果你在雙方達到共識的框架下盡己所能了，他們便會好好接受它。

首先，你可以從他們的專業知識與個人優點中獲益，包括像是有效溝通、自律與上進心。與此同時，你也會發現，他們常常很難理解、接受別人的做事能力或意願不如他們。他們經常讓自己過度疲勞，這讓你可以學到：即使在最令人振奮的工作中、最佳的團隊裡，劃定界線有多麼重要。即使是最強大的人，也需要休息。

> 平等不代表大家都要一樣，
> 而是尊重彼此真實的模樣。

空想家（第六類）：用自己的標準自我衡量

空想家對於世界應該長怎樣，懷抱著非常理想化的想法。他們想要說服你也接受，因為他們覺得大家可以一起實踐理想。這背後的基礎是，他們認定全人類與全宇宙都是相連的，如果每個人都盡好自己的份內責任，大家的處境都會變得更好。為此，他們訴諸你的理想，並描繪出一幅烏托邦的景象，在那裡，人人都將過得比現在更好。這並不是什麼華而不實的把戲，他們真的如此相信。

你能讓自己從中解脫的方式是，不要讓自己感到愧疚。你依然能夠為自己做決定，並使用空想家自己的標準去衡量他們，也就是大致上同意他們的願望，但接著將對話導往務實執行的方向。那些空想家會開始顯得侷促不安，一直用模稜兩可的方式試圖躲避問題。不過，最好的情況是，他們有機會變得比較切實，並且更願意妥協。

你將能從中學會不要受到道德自我擴張所恫嚇，而是繼續為自己做決定、不用管別人怎麼想。與此同時，對新點子保持開放態度，不要讓自己被反對立場給套牢了。如此一來，你也能學會如何運用強化夥伴關係的方式，揭穿華而不實的言論，且同時仍預留空間給理想中的選項，讓那幅願景部分成真。

> 讓世界變得更好的不是大膽的點子，而是能夠實際運作的點子。

解釋魔人（第七類）：鼓勵他們付諸實踐

解釋魔人很有興趣向他人學習、仔細觀察，並進一步藉此發展自己的思考、評斷與想法。他們相信所有事情都能夠一再重新思考，因此，理論上，「可行性」這件事並沒有極限。於是，他們不斷尋找與志同道合之人交流的機會，但同時也需要留很多時間給自己。

如果你想要改變這種情況的話，應該先認可解釋魔人於智力上的成就，但同時也鼓勵他們將點子付諸實踐，這是他們唯一能夠做出改變的方式。一旦他們決定將自己的想法變成現實，執行對他們而言一點也不費力。你有時候必須溫柔地將他們導回正軌，他們才不會馬上迷失於下一個新的可能性，或是陷入鑽牛角尖而無法前進的狀況。

當你成功找到方法與解釋魔人共事時，那份經驗將改變你的人生，因為那代表你擁有了能夠遠遠跳脫例行工作思考的卓越上司或同事。你可以從他們身上學會如何將自己（至少短暫地）從某個讓你煩憂的情境中抽離（例如當下的工作與生活狀況），並以不帶有個人色彩的方式、客觀評估事情真正的面貌，以及你有辦法改變的地方。

> “所有改變皆始於能夠真正鼓勵人們付諸實踐的點子。”

最佳策略

這些作法剛開始或許會讓你覺得過於抽象，如果這樣的話，你可以將這個章節視為概論、拿來參考。一旦你能夠根據詳細描述將某個討厭鬼歸類，就能在這裡找到處理他們（可能是上司或同事）的最佳長期策略，不用將自己搞得精疲力盡或不得不換工作。相反地，因為你從他們身上學到東西並藉此發展、精進自己，你甚至可以回過頭去感謝那些難搞的人，畢竟是他們迫使你的思考變得比過往更加周到的。

根據對方的類型對待他們才有辦法激發效果

為了達成有效溝通，你面對他人時所採取的方法，必須讓對方理解你在說什麼，並且有辦法在他們的想法與價值的基礎上，以你希望的方式進行詮釋。你不需要為憤怒且具威脅性的自以為是之人（第二類）構想出什麼有邏輯的論點，因為他們根本聽不進去，還會將你的行為解釋成軟弱。另一方面，在面對問題解決者（第五類）時，以事實為基礎的對話將會是最佳解法。如果你使出心機，讓他們同意，反倒會惹毛他們，因為他們其實會想跟你交流，也有興趣知道你的想法。如果你遇到無法搞定的討厭鬼，永遠記得根據他們的類型進行溝通，而不是以你個人認為最佳的方式，因為那只會造成對方誤會。

千萬別嘗試這些事

扮演諮商師、試圖為他人解決真實存在或想像出來的問題、認真看待一切、涉入永無止盡的討論。一旦做了這些事，就是加入討厭鬼的遊戲，無法改變任何事情。

我曾經在一個瑞士實業集團擔任幾年的行銷職位。當時的入職說明會特別包含了消防演練，那很重要，因為我們周遭的生產設施含有高度易燃材料。公司的消防隊一如往常地示範小火苗碰上特定液體時，會爆出高達數公尺的火光，如果沒有使用正確的滅火劑，而是用水的話，就會變成火球爆炸。對於缺乏經驗，甚至可能陷入恐慌的人而言，水看起來是再當然不過的解法，但事實卻完全相反。面對討厭鬼也是同樣的道理，有時候你必須採取看似完全不合邏輯的手段才行。那才是唯一能夠快速消滅小火苗、避免意外加大火勢以及重大傷害的方法。

一般人不得不處理難搞、要求一堆的人時，通常會先嘗試聽起來正常的作法：順應對方的情緒、耐心傾聽對方的問題，並試著幫對方找出解法。大家會覺得自己在做正確的事，但其實，我們必須認清那簡直大錯特錯。小火苗長成大災難，惱人的上司或同事突然變成真正的負擔，或甚至對你的職涯造成威脅。如果你不想加入討厭鬼的遊戲、燒傷自己的手指，以下是你在對抗他們時必須避免的五項策略。

專注於對你的進展有實質幫助的事物

你會注意到，我們在這裡要處理的不是那些討厭鬼的個人動機，也不是那些可能使他們變本加厲的社會發展。以下，我們將依循以目標與未來為導向的訓練方式：脫離理論考量、不要去要求那些無法幫助你前進的人，而是練習辨認對你自己而言可行的事情，並付諸實踐。

不要扮演諮商師

由於現在要找專家和諮商師預約諮商治療的資源變得愈來愈有限，許多人開始為自己的心理狀態進行診斷。老闆總是高估自己、不留情面又自私？八成是自戀型人格！同事行事衝動、情緒波動幅度大？一定是邊緣型人格障礙。商業夥伴魅力四射、充滿自信，但在協商的時候很愛操控、毫無顧忌？可能是心理病態！我們很快就斷言所有討厭鬼都是瘋子，這樣就可以解釋他們的行為、同時覺得自己依然正常。但那最多就只能這樣了，你很快就只會活在一種（錯誤的）印象中，覺得再也沒有人的心理是健康的了。

「如果你想在閒暇時間當個諮商師或社會工作者，那你應該去進修，然後每次諮商都得計費。」我在自己的第一本書《我再也不幹了》（*Ich mach da nicht mehr mit*）[14]中提到過：「在你的其他關係中，你既不是諮商師、也不是社工，你不需要、也不應該去釐清、分析或改善任何人。那會剝奪了別人的權力、讓你的關係陷入危險，而且到最後甚至沒人會感激你。」這番道理可以同時套用在工作與私人關係中。

---

14 Albert, Attila: *Ich mach da nicht mehr mit. Wie du dich endlich abgrenzt und auch mal die anderen leiden lässt.* Gräfe und Unzer Verlag, München, 2020

如果你真的認為自己在處理的對象罹患了心理疾病或有人格障礙，那你應該告知你們共同的上司，可能還有其他你可以信任的人（人資部門、職工委員會、駐公司醫師）。假如是這種情況的話，你無法、也不應該幫助或順應他們。但另一方面，如果你只是對可能的人格解釋感興趣的話，那你可以改看其他更適合的資料，好比本書所探討的討厭鬼類型。其中，我們的假設是，所有討論對象皆為醫學標準所認定的健康狀態，並且具備行為能力。

不要試著解決所有問題

如果你已經出社會很久了，也曾經換過不同雇主，那你就會知道問題無所不在。徵才廣告內容可能寫得很動人、面試可能進行得很順利，但試用期結束之後，你就會清楚發現：這裡也一樣，很多事情並不是以其應有的方式在運作。組織過於複雜、團隊人力不足、資訊科技設備落後、有些產品看起來很有問題……這是正常的，而你會被雇用、支薪的原因，正是希望你能來解決這些問題。這份理想永遠無法達成，但至少，我們希望可以不斷努力爭取嘛。

最佳情況是，你所遇到的艱難任務能為你帶來正向挑戰，並且符合你的技能與興趣。不過，這通常也意味著你已經很忙了，於是，當你在面對職場討厭鬼以及他們真實存在或想像出來的問題時，所能處理的程度便相當有限。不論你總是在幫助超出負荷的同事（第一類：永遠的受害者）、長期忍受脾氣暴躁的主管（第二類：自以為是之人），或是不斷將只會出一張嘴的理想主義者（第六類：空想家）拉回現實，這一切其實都不是你的工作。

因此，你應該永遠都先顧好自己的本份，也就是在你的聘雇合約上、職務敘述內，可能還有年度目標報告中所定義的那些。請假設你的上司和同事跟你同樣是成年的專業人士，必須做好自己的工作，也有在拿薪水。除了偶爾出於同事情誼、伸出援手之外，其他所有事都不是你的職責。假如你發現自己在目前的團隊裡無法做自己的工作，你應該先試著尋找解法。若就中期來看，無法達成此目標的話，再考慮換工作。否則，你將在內心放棄，且很快就會失去動機，專業能力也會不知不覺削弱。

不要認同所有世界觀

幾年前，一位名叫馬修．施密爾（Matthew Schimmel）的加拿大年輕人出現在電視上，聲稱自己是一匹狼。想當然耳，他看起來根本不像，也不願意回到樹林裡跟狼群往來。

但他賦予自己資格，表示：「除了軀體之外，我在各個方面都是一匹狼。」幾年後他再度出現，頭髮變長、穿著女性服飾、化妝，然後自稱希若・烏爾芙（Shiro Ulv[15]），他現在覺得自己是一位曾經是狼的女性。不久後，他又再次改名，這次叫做納婭・奧卡米（Naia Ōkami[16]）。他不單只是一個擁有狼魂的女性——他[17]一直以來都是[18]。

在我們當今生存的時代裡，許多人不再接受客觀事實了，大家都將主觀解釋擺在優先位置（我的事實）。如果有人聲稱某件事，那它現在就是真的。必要的話，甚至連「過去」都能配合改寫，例如某人的傳記或維基百科頁面。而企業為了避免公眾輿論，總會一如既往地順應當前市場的主流思想，舉例來說，它們現在全都突然跟少數族群站在同一陣線了。身為雇員的你，則必須在一定程度上支持，或至少接受這個立場。

但當然啦，你還是會有自己的信念、觀察，並從中得出自己的結論。當你在處理跟你持有不同觀點的討厭鬼時，也可以套用這項道理。即便你應該有禮地、尊重地對待他人，但你並不需要認同每一種自我形象或世界觀。如果你可以理解並搞懂他人，包括他們的考量，以及他們如何看待自己與世界，那確實總是很有幫助，但你完全不需要認可它們或予以買單。你大可以說：「我的看法不一樣，但還是謝謝你，我覺得很有趣。」

不要涉入永無止盡的討論

如果你想知道「不應該」如何進行討論，那你只需要打開《麥布莉特・伊爾納》（*Maybrit Illner*）與《馬庫斯・藍茲》（*Markus Lanz*）等談話性節目即可。在裡頭，每個人會不斷重複著他們一直在講的事、沒興趣去聽別人在講什麼，就只會等待機會盡快跳出來插嘴、羞辱他人。沒有人想要學習新事物，或改變自己的想法。這對節目剪輯師而言很方便，他們可以把節目規劃成一齣角色扮演，一連串的事件皆可預測，但最後的產物就跟一段失敗的婚姻一樣，最後的論點都相當激勵人心呢——參與者全都只堅持自己是對的、想要愈早逃離愈好，就連觀眾都恨不得趕快離婚。

你可以辨識出哪些討論將毫無結果：它們的發展缺乏建設性，且卡在各種指控與重複之中（「我跟你說過……幾次了？」、「你就不能……嗎？」、「你每次都必須……嗎？」）。

---

15 譯注：Ulv為丹麥文的「狼」之意。

16 譯注：日文的「狼」之意。

17 譯注：原文使用「er」，所以這邊使用「他」，而非「她」。

18 https://www.factynews.com/wiki/naia-okami/, https://anotherwiki.org/wiki/Naia_Ōkami

如此來回幾輪之後就很清楚了，雙方無法對話，更遑論共同解決事情。大家甚至可能無法就「問題究竟為何」達成共識。根據我將近三十五年的職場經驗，在你換到一份新工作之後，這種問題於短短幾個月內就會清楚浮現：事情毫無進步、回答閃爍其詞、大家只會不斷將問題怪罪至別人身上，於是，很快地，你就不再信任自己的老闆與同事，並開始記錄誰說了什麼以保護自己。

當你在處理討厭鬼的時候，要避免一再重複同樣的討論。有些事情可以解釋清楚、增加深度，卻永遠無法解決，不論是全新論點或反覆重述，皆無法改變這項事實。假如你一直在爭論同一件事，那你至少應該要在六個月後做出決定：你有沒有辦法跟眼前的情況和平共處？或是你準備好去找新工作了嗎？如果你選前者的話，就得練習接受，從而尋得內心的平靜與距離；至於後者，代表你決定擔起結果，並起身尋找更適合的工作職位。

不要認真看待一切

我有一次傳訊息的時候，在找手機上可用的表情符號，注意到最近一次更新加入了「聖誕老人」（Mx Claus）的符號，亦即臉部特徵模糊、沒有鬍鬚的「性別包容的聖誕節人物」，顯然是為了那些覺得「聖誕老公公」過於父權、原已新增的「聖誕老婆婆」包容度不夠的人而添加的。此外，該符號還有六種膚色，以免有人堅持要用黑皮膚的「聖誕節人物」。這麼做的原意應該是「多元」與「包容」，卻也透露出一股絕望的恐懼，深怕傷害了哪個人、讓人心碎。

你可以永遠為此感到憤怒、宣告西方世界的崩壞，並再次於網路上留言表示：「這真是夠了！」會寫這種話的人離「受夠了」可差得遠了，要不然他們就不會在那邊留言，而是起身採取更具體的行動。不過，除此之外，有很多讓你感到煩躁的事情，你其實都可以幽默看待，根本不必將它們看得太認真。如果你不想的話，甚至不需要理會大多數的事。只需要把它們關掉、推開、不要採用或買單，然後等著瞧，看看它們長期將如何發展、什麼東西可以撐比較久。

處理討厭鬼時也一樣。你永遠不可能說服所有人接受你的看法，你也不想要一直換工作或四處與人爭論。所以說，你就學習如何將一些怪事或誇張反應一笑置之吧。對所有人而言最好的情況是，這麼做能夠創造內心距離、讓緊張的情況變得不那麼沈重，並使大家和解。你根本不需要時時保持完美、同意所有事，就能夠把工作做好了，甚至還能為大家帶來一些趣味。因此，就盡可能地享受你身邊的瘋狂事物吧。雖然，以務實層面來說，根本無法改變任何事，但這種作法已經可以讓許多事情避開它們最深層的意義了。如果你能笑看許多事，就可以與許多事共存。

公司必須繼續前進

有時候確實有必要讓事情加速推進，尋求公開衝突、要求做出決定有時候也是無可避免的。但在正常的情況下，這些做法並無法幫助你，尤其當衝突的火苗轉變成烈焰時，反而會傷害到你。事實上，常常即使員工是對的，但公司還是會開除他們，因為他們已經製造太多麻煩了。公司必須繼續前進，尤其是在大型組織內，它們對個人命運的考量只能達到一定限度。這能幫助你學會如何處理討厭鬼、讓你的人生變得更簡單。下個章節將探討在緊急情況中能夠立即見效的實用策略。

千萬不要因為剛開始沒有其他人支持你的想法而斷念。在公元前三百年，古希臘天文學家亞里斯塔克斯（Aristarchus of Samos）聲稱地球繞著太陽轉，當時相信他的人比後來於一五〇九年發表相同言論的尼古拉・哥白尼（Nicolaus Copernicus）來得更少。於一八五六年發現遺傳定律的神父兼蔬菜種植者格雷戈爾・孟德爾（Gregor Mendel），被同一時期的專家嘲笑；於一九一二年提出大陸持續飄移的阿爾弗里德・魏格納（Alfred Wegener）也是。歷史上充滿許多被同一時期專家判定為「錯誤」的人，但他們依然是正確的。

預先練習在遇到緊急狀況時該如何反應

如果你覺得開啟像是拒絕請求或邀請等困難的對話相當艱難，那就得預先練習。準備一些適合的句子：「謝謝你，但我辦不到」、「我不想要那樣」、「不，我該講的全都講了。」先自己練習大聲說出來，再試著跟伴侶或朋友一起模擬情境。接下來，對方也可以使用不同語調跟你進行角色扮演，例如：親密好友之間、刻意表現友善，或是帶有威脅意味等對話。如此一來，你就能提前為緊急狀況做好準備，並能做出幾近反射性地反應，而不用在事發當下先沈澱自己、尋找正確用字。

貫徹始終地忽視所有不尋常、不用有罪惡感地讓他們失望、表現得好像完全不理解對方似的、相信他們已經讓自己夠煩了。這些就是與討厭鬼保持距離的方法。

九招擺脱討厭鬼的閃電對策

過了幾年之後，你對老闆、同事與事業夥伴的瞭解，幾乎比你對自己家人的瞭解來得更深刻。畢竟，即使你們算是偶然湊在一起的，也必須特別約時間，但你們一起共度了更多醒著的時間，並一起解決各種大、小事。不過，我們也可能誤會別人。例如，你有沒有注意過，臉書上最具攻擊性的留言，都是來自那些在個人頁面上充滿慈愛地大秀寵物和流浪動物的人？或是那些常常發布自家小花園的新進展、引用「發自內心深處」佳句的人？你可能會看到一個剛祝福你不得好死的人在臉書上發表：「小心不要傷害他人是表示尊重的最佳形式。」或「必定是發自內心的言論才能撼動內心。」又或者，你從LinkedIn上學到了嗎？最棒的專家就是那些只會在工作坊內談論做事理論、但自己卻從未起身動作的人。你剛開始可能會忽略這些事，但等到五年後就可以清楚看出：這個角落絕對不可能生出任何實質的東西，永遠只會有模稜兩可的公關說詞。

你也必須先觀察討厭鬼一陣子，才能確切指認出他們的類型，以及對付他們的最佳長期策略。如果你或對方才剛加入公司，或是你單純不敢出手，你也不會完全毫無防備。在這個章節，你將學到九招盡快擺脫討厭鬼的閃電對策。

仔細觀察那些討厭鬼屬於特例或常態

永遠記得仔細觀察到底有多少上司、同事與事業夥伴讓你覺得很煩。如果他們佔了大多數，那或許就不是特定個人的問題了，反倒是這家公司的文化不適合你，即使其他人已經開心地在那裡任職幾十年了也是如此。如果是這種情況，就不值得你去挑剔個別對象。比較好的作法是立刻尋找新雇主，雖然你在那裡也會遇到一些討厭鬼，但他們會是公司內的特例。

一、貫徹始終地忽視所有不尋常

注意觀察周遭發生的事、將其他人說的話或建議放在心上，這些作法確實都很實用，但那並不代表你必須總是對它們有所反應。有時候，假裝自己沒有注意到反而比較好，可能可以幫你省下不愉快的對話，或是很快就會讓你後悔的承諾。你可以藉由委婉地將目光或聆聽焦點移開，讓對方有機會再次思考他們所說的事是否真的有必要。

如果你的同事再次抱怨她做不了自己的工作（第一類：永遠的受害者），你就表現出自己好像根本沒聽到似的。不要安慰她、不要在口頭上跟她站在同一陣線（那真的很麻煩耶！），也不要建議她去跟老闆談談或尋找新工作。相反地，你應該保持客觀、專注在自己的工作上。如果你的事業夥伴做出深具攻擊性的回饋（第二類：自以為是之人），你只需要快速點個頭，並繼續以友善的方式說話，好像一切都沒有發生過似的——別擔心，他會注意到的！

採取這個策略時，你不會馬上為那些不甚重要的緊張賦予可能根本不存在的意義。如果有人很惱人，問題通常不是出在你身上，而是他們自己的工作或私人問題，就算你毫不知情、也完全不關你的事。你只需要觀察同一個人是否持續以類似的方式對待你，那麼，這個策略就會抵達極限，你就必須根據前述針對不同類型討厭鬼提出的建議、尋求開放式對話。

二、就讓他們講、切換至耳邊風模式

即使你其實根本沒在聽、幾乎不受影響地專心做自己的事，你只需要幾個字句就可以成功跟討厭鬼進行完整對話。就讓他們講、不用想太多，然後偶爾插入一些中性附和（「真的太誇張了」、「確實」、「真的假的啦？」），或是模糊的提問與質疑（「你真的這麼覺得嗎？」、「真的這麼簡單？」、「嗯……」）。有時候也可以笑一下，好像他們說的內容對你帶來直接啟發、讓你想要徹底改變人生似的。

舉例來說，假如你的團隊主管在你根本沒開口問的情況下，站在你的桌邊、鉅細靡遺地告訴你她和她小孩的週末（第四類：熱血心腸），那就讓她講吧。完全不需要思考，偶爾給些回應即可：「一定很棒！」、「我們應該也會喜歡喔。」三不五時笑一下、抬頭看看她，好像有在思考她說的話似的，但其實你只是在看自己的電腦螢幕。你甚至可以繼續打字，讓對方覺得你的工作真的很多、很忙，所以你才只能用聽的。

這個策略在通話中使用簡直無懈可擊，實際操作上根本不可能被對方察覺。面對面講話時，有些討厭鬼有時候可能會起疑，或甚至會有點被冒犯地問道：「你到底有沒有在聽我講話？」通常一些小小的保證就夠了（當然啊！你繼續……）。他們會繼續說，因為他們很感激有人對他們如此有耐心。畢竟，他們已經從經驗中得知，大家並不會特別爭相聽他們說話。在最佳情況下，他們很快就會視你為好的聆聽者、辦事有效率的員工！應用心理學就是這樣運作的。

三、假裝你聽不懂

如果你可以克服想要讓別人覺得你特別聰明的虛榮心，那你也可以假裝自己不懂那些討厭鬼想從你身上得到什麼。想要達到這項目標的話，你得刻意假裝自己毫無頭緒、天真無知，或是單純很笨，直到對方受夠而放棄、開始改去煩別人為止。這屬於中期至長期策略，因為在討厭鬼發現你（恐怕）無可救藥之前，你們會需要先進行幾次對話。不過，通常你在那之後就可以獲得心靈上的平靜，因為他們已經徹底放棄你了。

如果一個雄心勃勃的上司決心要「開發你的潛能」（第五類：問題解決者），你一開始可以先表現得好像你不明白為什麼那樣是好事。接著，請他多解釋幾次，並緩慢地重述最簡單的直述句，好像你必須先在心理上處理這些內容似的。很快地，他就會後悔自己當初為什麼會想出這個點子，這樣一來，你就可以回去跟隨自己原本的計畫了（例如，多留一些時間兼差）。

你身邊毫無頭緒的人很快就會真的相信你吸收得比較慢，並對你露出滿懷憐憫的微笑。但儘管如此，你未來還是可以成功地免去心煩。另一方面，經驗豐富的溝通專家會欣賞你是如何機巧地、一勞永逸地為自己屏蔽掉討厭鬼。關於你的長期利益，在使用這項策略時唯一重要的事，是有沒有讓對的人覺得你很聰明或笨。那可以讓你成為真正懂得看人的人。

四、認可並奉還

有時候你會遇到基本上是對的討厭鬼，但你在當下無法或不想為他們做其他任何事。那樣的話，你可以讓他們知道你完全瞭解，即使你在細節上或許跟他們有不一樣的想法。千萬不要出於禮貌地追問，才不會落入必須聽他們無止盡地解釋的境地。也不要批評任何事，因為這樣你會讓自己陷入一場你根本沒興趣或不在乎的討論。把球丟回去即可。

如果坐在你旁邊的失意同事再次跟你說到自己已經厭倦工作，因此在「考慮」離職時

（第三類：拖延症患者），你可以，舉例來說，直接恭喜他做出這個決定：「好主意！那絕對是你目前狀況的最佳解法。」如果實習生向你解釋公司應該如何運作才對時（第七類：解釋魔人），你可以表示完全同意：「等你實習完成之後，我會馬上這麼做的，或是你也可以馬上自己開公司耶。」

執行這項策略時，你認定了那些討厭鬼，並藉此滿足他們的部分需求，也就是他們對於認可與認同的需求。與此同時，你也會讓他們嚇一跳，因為責任竟然又落回他們自己身上了，跟他們原本的想像完全不一樣。有時候，他們會驚訝到不發一語地回去做自己的工作，那你就能取得平靜。又或者，他們會變得更加深思熟慮，那麼，他們在未來就不會如此惱人了，因為他們會開始忙著做更有意義的事，或甚至仔細思考每一步。

五、不用有罪惡感地讓他們失望

基本上，多數人都很樂於助人、善解人意——希望你也是。不過，如果有個討厭鬼一直利用這點佔便宜，那你可以不用有罪惡感地讓他們失望。使用這項策略時，你得忘記自己替人設想、有禮貌的好教養，並且單方面切斷溝通。他們不能把你當作安慰或幫手來用，而你也拒絕受他們控制。這可以在某種程度上造成當頭棒喝的效果，但也可以讓情況變得明朗。

舉例來說，如果有一個同事再次用她複雜的情史煩你、向你尋求她從來不會聽從的建議（第三類：拖延症患者），你可以冷淡地跟她說：「不好意思，但跟你講這些一點意義也沒有。不要再拿這件事來問我了。」如果另一個同事再次抱怨自己搞不懂Excel、需要你的幫忙（第一類：永遠的受害者），一種可能的回應是：「不好意思，那是你的問題。」你甚至不需要多看他們一眼，就留下那個簡短的反應即可，不須多做解釋。

這項對策顯得稍微嚴苛，所以，當友善的辦法不斷失敗、你的耐心被誤解為認同時，就會特別實用。這項對策尤其適合用來處理跟你處於相同位階的討厭鬼，而且你可以在不用承擔後果的情況下將接觸降至最低限度。有些經理階層也會用這個方式對待雇員（冷凍），不過，這對他們來說損失比較大，因為這樣一來，他們就失去一個人力，卻仍要支付對方薪水。

六、刻意將事情搞大

有時候，唯有輕微的休克療法治得了固執的討厭鬼，你就故意演一場不得了的「嚇壞了」的戲，使衝突加劇。靠近對方的臉、擠出幾個憤怒的字詞，但記得維持在法律上無害的程度。如果你很用力甚至大吼出聲的話，就會很有穿透力。尤其如果別人平常都覺得你是冷靜、沈穩的人，那這麼做就可以讓討厭鬼嚇一大跳，並害怕到再也不敢靠近你一步。你就贏了——終於獲得寧靜！

如果你同事又拿他那長篇大論的哲理來煩你、始終不去做自己的工作（第七類：解釋魔人），你可以高舉雙手、睜大雙眼，然後對他大喊：「我不想再聽到這件事了！你聽懂了嗎？！再也不要來煩我了！」他會馬上退縮、嚇得臉色發白，並躲回電腦後面。如果過於健談的秘書（第四類：熱血心腸）喋喋不休、不知停止，你可以突然理智斷線地對她說：「你可不可以安靜一下？我受不了了。」

不過，這項策略必須小心服用。在「正念」的時代裡，這項策略帶有一定風險。公開的侵略行為在各個地方都會招人皺眉，但被動攻擊型（passiv-aggressiv）溝通卻是被允許的。所以，請確保自己不要說出任何可能被起訴的話，也盡可能確保周遭沒有目擊證人。冷靜地離開現場，並讓其他人知道你很擔心那位同事好不好，因為他看起來很緊張。如果他向別人抱怨你的話，就會引來別人擔憂的神情，說：「你可能需要休息一下喔！」

七、於職位上保持緘默

沒有任何公司的工作分配是完全平均的。不管生產部、銷售部和客服部再怎麼哀嚎工作過量，你仍能在官僚制度中與「價值創造」（Wertschöpfung）保持距離、讓自己忙碌個好幾年。你可以藉由以下策略善用這項不平衡：將任務分配給團隊中或在其他地方工作量不足的討厭鬼，有效綁住他們過剩的力氣。這樣做或許甚至可以讓大家皆能從中獲益。

如果一個傾向香檳社會主義（Salonbolschewismus）的同事開始大談世界經濟該如何更公平地組織（第六類：空想家），你可以丟給他一份未完成的簡報檔案，說：「你來得正好！你可以幫忙加入圖片、檢查錯字嗎？」如果助理只會一直講下一次團隊活動的事（第四類：熱血心腸），你可以說：「很好，代表你現在有空嘛，我們可以馬上來順一遍明年的行銷計畫嗎？」記得精力充沛地說，再配上愉快的笑容，好像你已經準備好立刻開始動作一般。

不論如何，這項策略都將對你有利。要不是討厭鬼突然說自己還有很多事要做、然後消失，這樣你就能獲得平靜。或是他們被說服參與、肩負起有意義的工作，那你便獲得意料之外的幫助。如果他們繼續滔滔不絕的話，你得付出的代價也很小。比較罕見的情況是，討厭鬼轉而抱怨自己在沒被詢問意願的情況下被你控制，如果是這種情況，提醒他們跨團隊合作的重要性會有幫助：「毫無穀倉（Silo）思維！」

八、出乎意料地劃定一致的界線

下一招沒有涉及大聲說話或戲劇化事件，而是直接針對煩你的人或你的上司訂定清楚、一致的界線。清楚表明自己不會協商任何細節或退讓，必要的話，他們可以改找其他人。那些一直覺得你很友善、有耐心的人會為此感到震驚。如果你以激烈的方式進行的話，大家都會知道你一定是遇到緊急狀況了，而且你一定是對的。這時候，不要讓他們對此產生質疑。他們為了不要失去你，一定會找出其他解決方法。

舉例來說，如果你團隊中那個固執的同事（第二類：自以為是之人）讓你覺得煩到不行，你可以冷靜地告訴你們共同的部門經理：「我再也不會跟這位同事共事了。請務必將他調到其他團隊，其他部門更好。」起初，他可能會跟你討價還價、試圖讓你放棄以保住他自己的工作，也會延遲進度、將事情拖住。你必須保持堅定地說：「我是認真的，請處理這件事。我不會再跟這位同事多共事任何一天。」

這項策略的預設前提，是你的名聲無可挑剔，在整個職涯中只能使用幾次。畢竟，你可不希望自己看起來是個不斷自找麻煩的人。最佳發揮場所，是可以輕易在其他團隊中找到替代方案、內部調職與輪職本來就很常發生的大型組織。如果你的立場清楚、貫徹始終，那大家最後就會覺得你是成功為公司擋掉傷害的人，並因此更加敬重你。

九、相信他們會自己解決

在我們的閃電對策中，你大多需要主動採取某些行動。但有些討厭鬼不需要你做任何事，只要耐心等候，問題就會自行解決了。第一、二類尤其受到負能量（苦難或衝突）所主宰，但第三至七類的情況就好多了。雖然討厭鬼的負能量會先讓別人覺得困擾，但某些特定的負能量很快就會無可避免地回彈到他們自己身上。他們會拿同一分惱人的事情來讓自己心累。

舉例來說，如果你看見一個同業同事不斷在推特上攻擊、批評他人（第二類：自以為是之人），你並不需要干預或譴責她，只要旁觀事情的發展即可。首先，她會因為「採取明確立場」而受人稱讚，但也因為這樣，有許多人很快就會跟她劃清界線，而她走到哪裡都會發現自己失寵了。在剛受人批評時，她會先把愈來愈多發文刪掉，然後可能很快就會將整個帳號刪掉。就這樣，你完全不需要採取任何立場或做任何事，問題就會自行解決了。

在這裡，你展現了自己對於長期正義的信任，所以你不需要獨自推動任何事。另外也展現了一定程度的心靈成熟——年紀愈長，愈容易執行這項策略，因為在你獲取更多人生經驗之後，你在職場上與私生活場域中目睹的案例也會變多——很多事從長期視角來看，最後都會變得公平。大家遲早會得到他們應得的後果（挖坑的，自己必掉落其中），這樣想就能夠更平靜地接受暫時的不公，等待事情自然發展。

彈性運用

在你的職場生涯，你將遇到每一種類型的討厭鬼，也將能在某些時刻運用上述的所有對策。首先，讓自己熟悉理論，當機會出現時，嘗試看看不同策略，接著再依據每一次的個案決定自己認為適合的方式。如果你有更多方法且能彈性運用，就可以達到最大的效果。過了一段時間後，你再也不必思考太久，便能決定要採取什麼招數。而且，你將有辦法根據不同情況、做出不同決定，如果有其他看起來更有效的方式，你也能適時換招。如此一來還有另一個好處，那就是，你的溝通方式將顯得更加直覺、自然，而不再只是機械式地計算、應用。

記住，你跟同業的人會不斷再次相遇

如果你想在同一間公司待很久的話，那你最好加深自己對上司與同事的瞭解，才能夠評估、分類出他們所屬的討厭鬼類型。這會花上好些時間，但也能讓你發展出自己的對策。這時候，當你辨認出他們的類型時，就可以根據相關章節、將他們變成朋友甚至是夥伴。如果你能預見自己只想要待一小段時間的話，這些道理仍可通用，因為你在同一個產業裡換過幾次工作後，依然會再次遇到那些人。因此，閃電對策尤其適用於特殊情況與緊急狀況，或是當你無法或不想將損失（包括你自己的）納入考量的時候亦可。

多一點防衛好讓自己得到解脫

討厭鬼對大家帶來的困擾不盡相同，這是有原因的：你透露了自己在處理個人疑慮、恐懼與愧疚感上的資源限制；凡是能夠解決這些事的人，就可以擺脫討厭鬼。

父母最清楚當下情境的重要性。如果隨便一個人經常對你大吼、把家裡弄亂、偶爾嘔吐、罵你「笨豬」，然後從未付出任何財務貢獻，那他很快就會被禁止進入屋內。但如果是你的小孩，你就會接受這一切、為任何一點進展感到開心，而且通常相當寬容。我們在面對那些有時候會做出令人難以置信的行為的人時，也經常會冒出類似的不一致性，但在其他狀況下卻完全不會。

我們稍早已經討論過，每個人在面對討厭鬼時可能都會做出不同反應。其中，部分的原因為年齡。一些經驗會為我們帶來個人眼界、一致性，以及更鮮明的優先順序。我們會變得不再想要處理所有的人、對所有事感到沮喪。不過，除此之外，還有其他原因：討厭鬼會向你顯現出你自己在資源上與性格上的限制，他們會將你推向你的極限。這可以成為一個讓你重新思考、調適日常生活的原因。通常，沒人想要這樣經歷這些、這很痛苦，但長期而言，對你卻極為可貴。這就是這個章節要談的主題。

確保自己具備足夠的力氣與精神

無庸置疑地，當你覺得比較放鬆、有精神，而且不用花太多力氣就能掌握工作與私人責任時，就會比較輕鬆看待事情。這時候，你能笑看惱人的老闆或同事。他們不是讓你招架不住的額外負擔了，只是一個奇怪的旁注。但當你疲憊不堪、精神緊繃、被徹底壓垮的時候，情況就完全不同了。每一句惱人的話語、每一個難搞的地方，都會開始超出你能夠承受的極限。

因此，仔細注意自己的初期徵兆：你變得愈來愈不耐煩、愈來愈具攻擊性，比平常更快感到受傷、被打擊，甚至可能會反常地開始爆哭或全身顫抖。這時候，你就該將更多心思放在自己元氣復原的狀況，同時為自己做一些事。度假可以是好的第一步，但它仍無法取代「盡量避免超時工作」與「一週至少空出一天（例如星期日）完全不要碰工作」等方法。此外，也可以協商延長結案期限，或許再爭取些預算以雇請額外的約聘或短期員工。反正只要能讓你減輕壓力的方法皆可。

很顯然，許多雇主起初會將他們自身的勞動力推至極限，完全不管那有多麼不健康。但這裡的規則是：身為雇員的你，只需要在一定程度上彌補人力不足的情況。有時候，重要專案必須要先以失敗收場，管理階層才會清醒並終於予以回應。我過去有一些同事已經先在管理階層與職工委員會之間辯駁了好幾年，最後一直等到向當地營利事業監督單位（Gewerbeaufsicht）投訴，才終於解決工時過長的千古問題。工作日工時八小時突然就擺了出來，直到現在仍一分不差地嚴格謹守。

請確保自己的休息時間盡可能保持放鬆。這不是讓你拿來進行費力的約會冒險、鐵人三項訓練或重大私人計畫（例如臨時挪用信用額度購屋）的時間。如果你持續覺得緊張，有時候，最好的作法是偶爾做一些輕度運動、提早上床睡覺，甚至得避免長途旅行。

減少憂慮

如果你在其他方面沒有過多憂慮與恐懼時，處理討厭鬼這件事也會顯得簡單許多。因此，你應該確保自己的生活保有餘裕——先從金錢開始。當你沒有債務、擁有一些儲蓄時，你憂慮的事情自然會減少，因為你知道你不需要過於擔心潛在風險。你有辦法緩衝風險的影響，或是需要的時候也能尋得幫助。因此，要注意自己的開銷，而且通常其實不必削減太多。

舉例來說，我已經幾百年沒有買全新的手機了，也絕對沒有簽訂任何分期付款，就是那種在經過計算的定價加獲益之外，將你另外綁定於特定費率方案的合約。事實上，我一向購買還新的二手手機，價格通常落在一般定價的一半，我也很樂意採用任何便宜的方案。我目前使用的機型已經推出五年了，我是買二手機，功能皆仍堪用。生活中的各個層面都可以套用這種作法，但你懂我想說的是什麼：盡己所能地維持財務上的彈性。許多小錢經年累月下來，就會變成一大筆錢。

我有一位客戶的工作應該挺令人稱羨的，但他已經受夠了：在一個迷人的城市中、相當有名望的雇主底下擔任管理職。他在任職一年之後就已經認清，他們的公司文化以及任務並不適合他。多數人可能會被迫留下來、艱苦地熬過一週又一週的工作，並抱持著找到更好工作的希望投遞履歷（典型的第三類：拖延症患者）。但另一方面，雖然他的年紀仍不到四十歲，但他已經擁有一間房貸全清的公寓；除此之外，他的生活極為節儉。他成功將那間公寓出租，並基於安全理由與每月租屋收入而另外多買了一間，最後自己出來當老闆，同時將私人支出最小化。這個故事所呈現的不是冒險的勇氣測驗，而是組織良好的命題。

另一方面，我看過許多在職人員賺取相當優渥的薪資，但花的錢更多，甚至多於必要開銷。昂貴的旅行、其實根本不需要的服飾、每年換一支新的電子設備（即使原有的仍能良好運作）、從Netflix到Spotify等各種娛樂平台的訂閱……這些全都很棒，你當然也能這麼做，但它們所要求的代價，是讓你能快速揮別討厭鬼的自由。你應該在兩個極端之間找到自己的立足點。

增加距離

我們已經在關於閃電對策的章節中，討論過各種幫助你為自己創造內心距離的方法。其中一個是幽默感，也就是能夠拿自己以及難搞的人或情況開玩笑。在艱困時期尤其得小心，不要一直讓自己被令人緊張的新聞和談話性節目影響。那些場合所討論的多數事件都不是由你引起的，你也無法改變它們。我們的代議民主制度並不是為此所設計的。簡單來說，在德國，你付錢給專業的政治人物去處理那些事（而且是用你繳的稅支付的，金額可不小），所以那不再是你的工作了，但反正你對那些事情發表意見的權利也少之又少（不同於瑞士等地的民主制度）。有鑑於此，你在這件事情上就稍微放手吧。你又不是第二號總理。

對時事保持一定程度的瞭解是好事，但當前絕大多數的熱潮很快就會被人遺忘，而且實際上也根本不會對你造成任何影響。除非你已經跟大家脫節了，但事情仍然不會改變，你並不需要將所有事都拿到臉書上討論（這是第二類、自以為是之人的戰場）。你反而應該運用你有限的時間與精力，去尋找更多相關資訊，像是閱讀通俗讀物和文章。但最重要的是好好享樂，像是去看好笑的影集和節目，或是享受藝術、文化與音樂，以及追求興趣。這些活動皆能大量抵銷掉工作上的壓力。

我們偶爾也是有可能製造出跟討厭鬼之間的物理距離的。許多在職人員在新冠疫情期間居家工作了兩年之後，發現問題並不是工作本身，而是特定上司或同事。光是透過Zoom會議、通話與電子郵件所減少的接觸，就已經讓他們鬆了一大口氣，將面對面對話與會議移除後更是如此。如果討厭鬼讓你備感壓力，你或許也能採取其他方式來製造距離：每週挑個一、兩天在家工作通常依然可行，要不然就是避免跟他們一起去員工餐廳吃午餐，或是，如果更嚴重的話，調職到更令人開心的部門也同樣有效。

努力於一週內恢復元氣以常保健康

一般而言，你應該在下一週工作日前努力恢復元氣，這樣一來，在過了五個工作天，也就是最疲憊的狀態之後，你只需要兩天假日（通常為週末）就能恢復原本的元氣。唯有在一些例外的情況，例如特殊專案計畫，才能改採按月或按季的節奏。如果你覺得自己在當週沒有足夠的休息時間，是時候做一些根本上的改變了，像是減少工作、增加放鬆時間，這是維持長期健康與生產力唯一的方法。

辨認出自己容易被他人拿來攻擊的弱點

除了個人資源管理之外，第二種可能源於反思：哪些討厭鬼尤其容易讓你覺得煩？為什麼？你可以在心中重新想一遍我們前面已經認識的七種類型，需要的話也可以善用本書的目錄。哪種類型讓你覺得最煩、最氣餒、最疲憊？又或者讓你徹底感到無助？這通常跟他們於客觀角度上「多麼糟糕」比較無關，而是於主觀角度上對你產生刺激的回憶與連結相關。即使你似乎已經遺忘過去於人格形成時期中令你感到畏懼、驚嚇或挫敗的經驗，但其實你常常是記得它們的。

這會再次激起過去的傷痛與不悅的感受，例如：嫉妒、自尊受損、吃醋、憤怒與失望。怪罪眼前的討厭鬼顯得不甚公平，他們只是讓你想起自己的脆弱點，而不是讓你脆弱的成因。因此，你應該做的事，是在安靜的時刻，對自己坦承自己真實的感受與想法。如果你準備好了的話，專業協助也會非常有幫助。

誰讓你覺得特別惱人？為什麼？我們大概能從詳細的敘述推論出許多東西，但我們在這裡只會提供一些相關想法。不要將它們視為指控，反而是一次讓你可以好好盤點自己靈魂的機會。

- **永遠的受害者（第一類）讓你厭煩的時機：你永遠繞著別人轉**

如果你在幼年時習得「你必須努力賺取愛與認同」與「唯有當他人沒有任何公開願望時，你才被允許表達自己的需求」的話，那你就容易受到永遠的受害者影響。但因為後者永遠不會發生，你就會發現自己一直在幫助別人、讓自己不斷後退。你覺得自己需要為其他所有人負責，卻忽略了自己。

● 自以為是之人（第二類）掌控你的時機：你感到害怕時

如果你過去習得「你在遇到強勢主導、情緒難以預測的人時，必須特別小心，因為你可能沒有辦法處理他們」的話，那麼自以為是之人就很容易控制你。典型的情況是：你曾經於心理上或物理上受他人主導。你希望自己能處於應該比較強勢的位置，又或者你會因為他們的憤怒而畏縮（軟硬兼施）。

● 拖延症患者（第三類）讓你心煩的時機：你對自己感到不確定

當你覺得「你對自己的發展不滿足」且「在逃避重要決定」的時候，拖延症患者會讓你覺得尤其討厭。他們以令人不快的方式，將你的行為反映到你自己身上，同時也向你展現背後更深層的原因：自信不足而無法更強力地展現自己、更有膽量地爭取東西。這通常是因為你過去曾經讓自己出糗，所以盡量不要引人注意比較好。

● 熱血心腸（第四類）惹惱你的時機：你曾經吃過苦頭

如果你非常績效導向，因此不太理解別人都是受人拉拔長大的，那你就會覺得熱血心腸特別煩。常見的情況是：你總是需要證明自己、保持堅強。假如別人現在可以比較輕鬆地得到結果，你會覺得很不公平。這會讓你產生驕傲與失望交雜的情緒，想起自己走過的路有多麼艱苦，而當時的你也希望能有更多幫助。

- **問題解決者（第五類）討人厭的原因：他們讓人想起自己的不足**

當你認為自己比對方差且整體皆不如他人時，就會覺得問題解決者很煩。這可能是因為缺乏教育或教育程度較低，但也可能源自更深層的、你自認不理想的身世背景（例如：出身於勞工階級背景）。這在他人以某種令你感到沒安全感、脆弱的標準來衡量你的時候，會讓你產生一種自己的優點好像沒人看見、不受重視的感覺。

- **空想家（第六類）惹惱你的時機：你暗自感到嫉妒時**

如果你一向陷於掙扎（例如：有金錢方面的問題），那你就會覺得空想家特別討人厭。這時候，你所面對的人在你的認知中高高地浮在空中、向下俯視著你。你的反應顯得違抗，因為你暗自感到嫉妒，但又希望將自己的嫉妒情緒隱藏起來。事實上，你也想要去做一些與宏觀視野相關的事，但你從來不能、也從不被允許這麼做。

- **解釋魔人（第七類）令你討厭的時機：他們傷到你的自尊了**

如果你曾經需要發展出非常務實、實際的處事辦法（通常是因為缺乏其他選項），那麼解釋魔人就會讓你覺得特別惱人。這時候，你所看到的是，一個只會出一張嘴的理論家，卻更加成功。即使你的成就已經遠超出平均值了，但這仍舊傷害了你對自身成就的驕傲。不過，你覺得自己的終身成就遭到貶低這件事更加深層，因為解釋魔人不瞭解你的感覺，也無法感同身受。

長期過程

辨認並改變這些私人影響與行為模式的過程，通常需時數年，其中也包括後續的質疑：你對自身背景以及他人行為的詮釋真的貼合現實嗎？或是其實能以稍微不同的方式理解呢？如果你覺得會有幫助的話，專業輔導與諮商治療都是正確的進行方式。但你也可以靠自己開始著手，像是撰寫一份詳細的個人履歷（至少四頁A4的長度）、畫出家庭樹，以及向其他家人蒐集往事回憶，再與自己的記憶互相比對。引導式自助團體通常也相當有用。不過，我建議不要使用網路論壇或臉書社團，它們缺乏專業引導，內容調性更是經常急轉直下。

業餘的自我療癒可能會造成看似癒合的傷口再次綻開，但你卻得獨自面對它們。我聽過一些人在閱讀了一些有趣但不適合的書籍、或是沒有在專業人士陪同下參加討論會之後，面臨到這種經歷。再度受到創傷，亦即重新經歷過去不舒服的情境，那可以是有用的諮商治療法，但也可能成為長久的重挫。

因此，你務必審慎思考該向什麼對象傾訴心事，以及條件環境與採取的方式，是否適用於你目前情況的嚴重性。基本上，我不認為所有危機都需要尋求心理諮商師，現今大家好像有時候會以為一定要這麼作。大多事情是能夠獨自處理、解決，或是在私人環境中與伴侶、家人或朋友一起面對。但如果你想要著手處理過去比較嚴重、甚至屬於創傷型的經驗時，你應該尋求接受過專業訓練，且不會做出任何個人主觀責備的對象協助。

回首感激自己過去不得不從討厭鬼身上學會的事

當你能夠回首過往經驗，並對討厭鬼心存感激，那便反映出你長大成熟與療癒的過程是成功的。他們會迫使你處理、修正自己性格與行為中有問題的地方。具侵略性的自以為是之人（第二類）可能會讓你終於不再害怕衝突，並且能夠起身捍衛自己；雞婆多事的熱血心腸（第四類）可能會教會你如何讓自己從立意良善的施惠中獲得解放；而多虧了空想家（第六類），你開始為自己的務實主義與意志感到自豪。難搞的人時常是不討喜卻寶貴的人生導師。若將眼光放到長期來看，這些珍貴的學習經驗，會大於他們對你造成的傷害，也算值得你日後心存感激了。

對於威脅與傲慢的忍耐極限

當討厭鬼開始挾帶威脅或侵略性，人資部門與職工委員會可於嚴重情事中出面協助。但常見的情況偏向較小卻較為累人的爭鬥。以下是你捍衛自己、劃定明確界限的方法。

公司內的大型戰場可以關乎於策略決策、預算與職員雇用標準。其中的緊張早已累積許久，最後終於在一次大碰撞中爆發，諸如人事重組、預算削減、最高層級的分裂等。但圍攻戰真的非常累人，如果你不必親自參戰的話，它們看似無害。像是「共同辦公室的窗戶該打開嗎？還是必須關上？」這種問題，可以導致長達數年的壕溝戰；像是「即使公司已有指示、甚至標明在備忘錄裡，有人仍『總是』將使用過的咖啡杯放在水槽裡，而不是洗碗機內」這種攻擊，可能會迎來意料之外的反擊：「先去填滿影印紙，你一直把紙用光！你以為我們沒有注意到你永遠只會在那邊等著，看我們誰會這麼笨嗎？！」

在充滿惡意或爭吵不休的團隊中，每個人不久後都會發現自己開始在彼此暗探、決心參戰。當秘書請假或生病時，有一通電話進來，部門中的所有電話同時響起，誰會失去耐心、先接電話呢？如果專案管理工具**Jira**開始接收到支援請求，誰會率先承認自己其實沒有那麼忙，也不是不能接更多任務呢？如果團隊共用冰箱內又有千層麵、杯裝蛋沙拉，或是二〇一九年的水果軟糖發霉了，誰必須負責處理那個噁心的場面？

這些事件會快速令人爆發怒氣，多多少少會有一些音量偏大的咒罵聲，其中有些可能是針對全體員工或整體的挑釁行為。共同上級主管通常知情，但並不想涉入，因為其實根本不可能釐清究竟該怪誰。於是，他們傾向將這類情況打發成同事之間的糾紛（請大家「自己達成共識」喔），雖然那根本就不管用。

很快地，每個討厭鬼皆會處於最佳狀態，並揮舞著自己的武器。永遠的**受害者**（**第一類**）開始爆哭，或許會在會議中突然站起來、跑出會議室，放任其他同事困惑地互望；**自以為是之人**（**第二類**）收到警告後，會面帶咬牙切齒的笑容、以尖銳的聲音大叫或爭辯；**拖延症患者**（**第三類**）會以諷刺的評論回應，然後只想趕快回家；**熱血心腸**（**第四類**）會氣到不行，但還是會拯救自己的團隊；**問題解決者（第五類）**會想要將情況解釋清楚，而在那之前會先深呼吸，就像他們總是在Headspace應用程式上練習的那樣；**空想家（第六類）**會指出眼前小規模事件所反映的大規模社會衝突；**解釋魔人（第七類）**只會在一旁觀察，思索著當下情境究竟適合套用佛洛伊德還是榮格的理論。

只要組織結構上或空間上許可，你可以試著暫時迴避特定的恐怖同事。但如果情況一直拖了好幾個月、甚至好幾年，那就可能演變成嚴重的負擔。舉例來說，假如你有一個同事性情暴躁，那你便會經常因此感到害怕、無助、自我懷疑。當你以過度敏感的方式予以回應，你在緊急狀況中究竟能夠證明什麼呢？以下是一些讓你可以捍衛自己、改善自身處境的策略。

清楚表明對方的行為並不討喜

首先，你應該先向需要為惡劣情況負起主要責任、並且尤具攻擊性的同事表明，他們的行為很不討喜。這聽起來可能很乏味，但事實上，不是每個人都會意識到自身行為並不適切。有些人可能會覺得自己只是「脾氣有點暴躁」、自己「是對的」，然後你「不應該再這樣做了」。這時候，你可以清楚地說：「你所做的行為令人無法接受。」記得保持冷靜與客觀，才不會讓自己顯得脆弱。你可以說，你不接受這種行為，而且下次再這樣的話，你不只會通知上司、也會告訴人資部門或職工委員會。如果有疑慮的話，也值得嘗試尋求法律建議。

在緊急情況下，駁斥同事、辯護自己，或拿出論點來反擊對方，都沒有什麼意義。如果對方真的有在聽你講話，那這些作法只會達到煽動效果。嘗試安撫、使對方冷靜的效果也一樣，那通常只會讓你看起來好像突然想嘗試用言語為自己解套。至於眼淚（相較於同情或改變心意）更可能激發出來的情緒，反而是鄙視。因此，在處理這整件事時，就算你覺得很難做到，但還是盡可能讓自己離得愈遠愈好。

明確地結束對話

在個別情況下，你可以離開房間以緩解事態：「我不會讓你對我那樣講話。我五分鐘之後再回來，讓你冷靜一下。」不過，你不能太常重複這招，效果會減弱。此外，這個作法會使你必須離開自己的工作崗位，而你當然也必須做自己的工作。同樣地，頻繁向老闆抱怨的話，也很快就會失效，到最後，別人會覺得你才是討人厭的麻煩製造者。

其中，有一個難處在於「具侵略性」是一個非常主觀的用語，大家的判斷都不太一樣。在許多案例中，其實事件主角並沒有大聲表達不滿、表現激烈，或甚至對某人大喊。有些人在談論實際議題時，會自己愈說愈起勁，就是停不下來；有些人幾乎不會提高音量，但會以隱晦尖酸的用字及語調傷害他人，使對方忍不住哭了出來。此外，個人敏感度也是一項因素，影響你被這些同事擾動情緒的程度。

無論如何，將所有評論以及脈絡如實記下來。尤其是羞辱、影射與威脅特別需要記錄下來，以利於後續與老闆、職工委員會或人資部門進行討論。可是，不准偷偷錄製內容！但有些討厭鬼為了減少自己的弱點，也已經調整過他們的方法了，例如那些使用諷刺或挖苦言論攻擊他人的討厭鬼，你就很難以逐字報告將他們定罪。

大家對於「具侵略性的行為」看法非常不同

每種類型的討厭鬼對於「具侵略性的行為」看法皆不相同。**永遠的受害者**（第一類）很快就會覺得自己遭受的威脅比以往更強烈了；**自以為是之人**（第二類）以相同的風格反擊，極為得心應手；**拖延症患者**（第三類）並不會受到恐嚇，但對於自己必須順從而感到更加挫敗；**熱血心腸**（第四類）不會感到害怕，反而會激起他們想要保護他人的直覺；**問題解決者**（第五類）能夠予以反擊並保持鎮定，但會依據攻擊的等級而感到反感；**空想家**（第六類）不會因此感到恐懼，但會受到驚嚇；**解釋魔人**（第七類）的情緒不會受到影響，只會搖搖頭。

「我訊息」的疑慮

常有人建議使用「我訊息」（我覺得你的行為讓我很受傷。），但在我的觀點，這類陳述很像在發牢騷、毫無力量，而且它們處理的主題是錯誤的。我們這裡主要的目標並不是表達你的感受，而是針對某人劃定界線，而且無須特別為此多做解釋或使之正當化。其實，我們只需要採取最低限度的專業行為與基本禮儀。「我訊息」比較適合用於背景對話，像是激動的情緒已經稍微平復，而且雙方都敞開心房、願意對話的時候。

如果你還有精力、也願意與你的同事來往並找出對方的動機，你可以改善雙方之間的長期關係，甚至常常可以與對方化敵為友。需要的話，你可以再次複習前述針對七種類型討厭鬼所提供的建議，你時常會發現，讓你感到害怕、或至少讓你感到不安的同事，其實承擔著他們自己無法處理的壓力，所以他們才會變得焦慮、不安。如果你能在一些平靜的時刻，對他們提出開放且有趣的問題，並用心傾聽，那他們很有可能會馬上將你視為可信任的對象、對你投以尊重，並在未來以平起平坐的方式對待你。就這樣，你們忽然變成知己了。

如果你能花點時間，或可能在輔導課程中，找出別人的暴躁行為究竟激發了你的哪些情緒，那你便能為自己做出決定性的改變。你因為它們感到害怕、渺小或無助嗎？你內心升起一股冰冷的憤怒嗎？你想要反擊嗎？這些反應大多源自童年與青少年時期的影響，但你在成年之後也可以將它們徹底改變。如此一來，其他人便再也無法控制你了，你將更能從一定的距離以外，帶著興味觀察那些暴躁行為發作的時刻，情緒也不再因為它們而受到影響。

具侵略性的主管很難處理

相同的建議也可以套用在恐怖主管身上，但你在這裡有一大劣勢：你缺乏來自較高階層的支持，因為你不但無法尋求上司的幫助，他們本身就是問題。你可以再往更上層尋求援助（例如：向經理抱怨部門主管），也可以聯絡職工委員會或人資部門。不過，這裡的困境是，你被迫迴避自己的上司，並聲討對方，這對未來的合作而言幾乎不是一件好事。此外，你走到愈上層，會發現他們對於該事件的認識與興趣皆變得愈少，然後你很快就會覺得，自己好像才是惱人的討厭鬼。

此外，你所提出的指控很難嚴重到讓雇主對該名主管發出警告，甚至解雇對方（當然，牽涉到刑事法的案件除外）。一般而言，對方可能會受到懲戒，或許會被送去接受衝突管理訓練，之後他的行為就會從公開攻擊型轉為被動攻擊型。你的生活可能會稍微輕鬆一點，但不會有重大的改善。如果你的主管具有侵略性，而你試著改變幾次都失敗的話，建議你不要繼續浪費時間了，去尋找新工作或開始計畫自己當老闆吧。如果你願意這麼做的話，這也會為你帶來自信與內心穩定。這時候，你不需要說任何話，就可以向他人發出訊號：沒有人能以這種方式對待我，我完全不需要這種待遇。

對於當下情況，你偶爾可能會丟失客觀的整體觀點而不自知，這是當許多困難因素兜在一起時，會出現的典型情況。舉例來說，你因為沒有其他選擇，而接受了一份需要長時間通勤的工作；與此同時，家裡需要你付出比原本多一些心力，因為父母或孩子需要特殊照顧；除此之外，你自己也生病了，手邊現金不夠；然後，你和主管之間出了問題。

以上這些情境聽起來可能很牽強，但這在所謂「集體霸凌」（Mobbing；第二類討厭鬼的專長）的案例中卻經常出現。其中，個別因素其實應該早就要自行解決，但如果它們一直沒有被解決的話，就會持續累積愈來愈多的事情，直到事態再也無法控制。不加修飾地向他人描述你所處情況的所有面向，會非常有幫助。對方不需要幫你什麼忙，光是說出來就已經可以幫你組織想法，或許也可以激發出新的可能解決辦法，或是強化你的決心，終於願意處理早該下定的決策了。

如果你時常感到焦慮，你可以強化自己好鬥的一面

如果你的主管或同事經常讓你感到畏懼或害怕，那讓自己在體能上變強會非常有幫助。在這種情況下，摔角、拳擊、空手道、柔道或綜合格鬥等搏擊運動已獲證實，特別有效。這並不是因為你在工作中必須以肉身自我防護，而是因為你將學會如何處理自己以及他人的攻擊性。你的體態會變得更直挺、更有自信，你的氣質也會透露出「最好不要惹你」的氛圍。這類運動皆有分別適合男性、女性與兒童的課程。說不定你也會找到對此有興趣的同事，這樣一來，就有一起訓練的夥伴了。

告訴別人他們很煩的最佳方法

有時候我們確實有必要批評主管或同事，或是處理問題。如果能夠避免在不必要的情況下傷害別人，就能達到最大效益。我們推薦不同策略，來應對不同類型的討厭鬼。

即使現在批評無所不在、從不間斷，令人意外的是，大家仍舊「不」完美。不過，我們的人類同胞確實都很努力地不斷告訴我們：我們的想法哪裡錯了、我們的表現中還有多少進步空間、還有其他什麼地方做錯了。好幾個世代以來，孩子基本上做任何事都會獲得稱讚。吃完飯後打嗝？「太棒了，親愛的，做得真好！」胡亂塗鴉？「直接畫到冰箱那裡耶，你這個小米開朗基羅。」家庭作業分數很差？「你們老師只是不懂你提出的觀點。愛因斯坦說大家都是天才——至少那些媽媽部落格是這麼說的。我們明天一早就去跟學校談談。」小傢伙其實挺胖的，光是爬個樓梯就氣喘吁吁？「不能讓社會將身材羞辱的『理想標準』強加在我們身上。每個人都有屬於自己的美，即使有糖尿病也一樣！」但到最後，這些孩子總會變成什麼事都要批評的大人。只不過現在這些批評被包裝得比較「正念」一點：「我想邀請你來想一想，你自己到底多麼愚蠢。」

要做出有效的批評十分困難。好比說，如果你有參加過溝通講座或讀過相關主題的書，就會知道「三明治溝通法」（Sandwich-Methode）——先稱讚、再批評、再給更多的稱讚。但這同時也是這種方法的問題所在，大家都能馬上看穿，看起來操縱目的明顯又笨拙。其他應該「適用於所有人」的方法也都行不通。你也知道，有些人只要稍微聽到一點點批評的暗示就會爆哭：「所以你現在是在告訴我，我是個徹頭徹尾的失敗者……」但也有人是即使被人大吼、受到明顯的暴力威脅，也只會露出嘲諷的微笑，說：「那你就去試試看啊。目前為止，還沒有人成功過。」

基本上，你可以對任何人說任何話。但如果你能夠避免在不必要的情況下傷害別人、破壞既有的關係，反而還能盡量讓對方有所進步，那就可以達到最大效益。因此，你在表達批評與期望的時候，應該讓對方能夠理解並欣然接受。這樣一來，就可以避免不必要的違抗反應或反擊，它們不但對你毫無助益，甚至可能為你樹立敵人。在處理七種不同類型的討厭鬼時，都有各自最有效的策略。

永遠的受害者（第一類）：溫柔說話、給予鼓勵

這類討厭鬼原本就已經時時感到畏縮、煩擾了，非常焦慮且玻璃心，所以你應該要特別敏銳、體貼。即使你很想使用更加激烈的用詞，你仍得非常小心翼翼地構思批評內容。他們會照字面上的意思去理解，任何負面評語的體感感受都會被放大。務必避免威脅與人身攻擊，畢竟，你不希望對方開始絕望大哭，而是想要改變他們的行為嘛。最好的方式是把你的批評包裝成實用的建議。例如，你可以說：「我注意到你常常會說，所有事都有問題，那很自然地會將你和所有人都拖下去、陷得更深。雖然這麼做很不容易，但你可以試著多強調行得通的部分。那可以對我們大家帶來激勵，在處理問題時就會變得更簡單。」理想上來說，你應該以務實、鼓勵的方式來表達自己，表現出你有信心對方可以進步，而且不是只有對方在努力——「你已經做到這麼多、忍受這麼多了，你應該為此感到驕傲。我們一起努力，一定可以辦到的！」

自以為是之人（第二類）：劃清界線、再釋出善意

如果你想要批評這類好鬥、常具有侵略性的討厭鬼，你應該採取相當不同的作法。他們不怕衝突，事實上，他們甚至會找架吵。但困在爭論中對你毫無益處，你應該分成兩個步驟進行。首先，劃定明確的界線，一、兩句話就足夠了，例如：「我不喜歡你對我說話的語氣。請你停止，我不會接受的。」不需要進一步解釋或威脅對方，你只會陷入永無止盡的討論；你已經清楚表明立場、表達期望就夠了。假如對方持續忽視的話，你後續必須採取實際的行動（例如：向上司提出抱怨）。不過，如果你後面改採寬容、願意調解的語氣，通常不需要走到這一步，例如：「你確實看起來手邊有很多事，可以跟我說喔！」如此一來，你就能讓自以為是之人知道，你作為一個人，是站在他們那邊的，也有興趣知道他們的顧慮。他們通常完全不會預期到這種發展，所以毫無戒備。自以為是之人之所以會尖酸刻薄，只是因為他們（誤）以為自己必須一直捍衛自己。

拖延症患者（第三類）：保持簡單、誘以利益

你很難只藉由批評來改變這類討厭鬼，因為他們缺乏野心又很懶惰。即使訴諸更高尚的理想，在他們身上也毫無效果，因為他們並不抱有任何幻想。你最多只會獲得一個嘲諷的回應，他們本身不會做出任何改變。處理他們的最佳方法非常簡單：告訴他們什麼事讓你心煩、為什麼，然後再告訴他們改變行為的實質益處，以誘使他們採取行動。例如：「你的工作常常遲交，導致我們經常延遲交件。讓我們一起努力準時，這樣老闆就不會給我們那麼多壓力，年終獎金也不會因此受到威脅。」必要的話，你可以再加上一些和善的暗示，像是：「這樣我們一定能獲得美好的額外假期！」依照天性，拖延症患者會自己在心中比較利弊。如果利大於弊，他們就會同意，並盡量謹守。我們總能找到簡單的方式來解釋所有實際上的問題，例如：「你需要我們如何幫你、讓你能夠準時交件嗎？歡迎隨時跟我們說，或是我們也可以一起去跟老闆討論。」但通常不需要走到這一步。拖延症患者是心地善良、吃苦耐勞的員工，即使他們抱怨不斷，依然會讓工作持續轉動。

熱血心腸（第四類）：心存感激、表達期望

要批評這類討厭鬼並不容易，因為他們永遠能夠指出自己無私的動機（我只是出於好意）。此外，大家都覺得他們很窩心、很貼心，於是，當你公開批評他們的時候，很快就會被人認為你很冷血、苛刻。你應該以親和、討喜的方式表達自己，否則，熱血心腸只會變得強硬、暴躁，同時其他人也會與你對立。在這裡，你同樣應該分成兩個步驟。首先，即使你本身其實不需要或不感激對方的幫忙，但請先認可對方的努力，例如說：「我有看到你多麼認真想讓我們團隊合作順暢、為大家營造愉快的氛圍。這很重要，尤其現在大家壓力都很大，幾乎沒有任何時間可以跟別人進行友善交流。」如果你看到對方接受你的認可了，像是稍作點頭，那就可以進行第二步——用友善但明確的方式表達你的期望：「我會希望你可以在上班時間先把自己份內的工作完成，那我們就可以準時吃午餐、有更多時間聊天。」如此一來，你同時有考量到他們在意的事，也指出你自己想要採取不一樣的優先順序。這是一個他們能夠接受的折衷辦法，而你在這裡的優勢是，他們沒有惡意、也沒有心機，真的只是想要達到和諧。

問題解決者（第五類）：實事求是、堅定實在

這類討厭鬼不太會往心裡去，所以很能接受具有建設性的批評。只要你表達批評的方式夠適當、有禮貌，他們甚至很喜歡這種可以進步的機會。因此，你完全可以放心地說。但切記避免冗長的描述與情緒性的表白（那讓我非常難過），尤其不要大聲說話或流淚。他們對這種抒發的理解很有限，認為它們很沒有效率、令人不舒服，反而會覺得你精神不穩定、進而對大家造成潛在風險。相反地，你必須客觀描述，並可適時善用事實和數據，以表達讓你覺得心煩的問題與原因。接著，明確指出你的期望，以及為什麼這麼做對大家皆有利的原因，例如：「當我們談到一個問題時，你總是開門見山地直接切入。這樣很好，因為我們可以快速找出解決方法。但有些人會覺得被排除在外，因為他們需要比較多的時間、想要抒發更多個人情緒。如果你願意讓他們抒發的話，事情剛開始的進展可能會比較慢，但這樣大家就都能一起參與，隨後就能跟上進度了。」問題解決者會將它視為改善的建議，並接受它。

空想家（第六類）：致力於自身理想

當你說任何話來反對這一類討厭鬼的理想目標（例如正義）時，都一定會被認定為自我中心、憤世嫉俗。所以，千萬不要跟他們爭論到這種程度——不要讓自己被拖入討論之中，那是空想家最知名的閃爍其辭之術。相反地，你能在本質上同意他們，甚至宣稱自己支持他們，例如：「你把正義看得這麼重，我覺得真的很棒。雖然要盡量讓所有事情都變得更加公平時常難以執行，但這是我們所有人的重大任務。」將你的批評重點聚焦在讓對方能夠致力於他們自己所聲稱的主張。使用對方的關鍵字（意識、正義、公平、多元、包容……），但採取你自己的表達方法，例如：「我們的額外工時已經開始獲得小規模的『公平』補償了，這只對我們這些員工來說『公平』，且具備『社會永續性』。」接著，提出更講究實際的建議：「請讓我們一起找出『公平』的解法吧。好比固定支薪，或是如果預算上不允許的話，就在當月換成休假作為補償。」由於空想家自己也知道，他們的理想如果不願妥協的話便顯得空泛，所以，他們八成會同意你的建議。

解釋魔人（第七類）：對解決提案感興趣

如果你的論點很有邏輯，而且對方對你和你的想法感興趣的話，那這類討厭鬼就會變得很容易說服。其中的挑戰在於，他們確實會進行實際改變，但不會迅速前進。如果你成功引起他們的興趣，他們甚至會直接肩負起帶頭的角色、把你的想法變成他們自己的任務，然後很快就會覺得那其實就是他們自己的點子嘛。因此，你能夠以坦白、客觀的方式開始提出批評，並得完全沒有任何責備的意思。例如說：「我們經常收到抱怨，因為我們總是太晚回覆顧客信函了。其中的原因是，即使有海外客戶，但我們晚上並沒有配置員工，那樣的話，到了早上就會累積太多東西。」

每當你想要批評別人時，無論如何，都先認可對方的成就

當你能夠滿足對方潛意識中的一個期望時，你的批評就能獲取最大的成功，那就是對於認同與肯定的渴望。因此，即使你可能無法苟同許多事，但永遠務必先稱讚或讚美。不過，你在做這件事時必須真誠，絕不能僅出於算計——每個人一定都有一些值得你認可、欣賞的優點。如此一來，被批評的人依然能夠保有尊嚴。批評時，記得只針對特定行為，而不是全盤否定對方這個人。

接著，試著構想出一個解決提案，不要讓你的抱怨只停留在這裡，像是：「一種可能的解法是在晚班雇用一位約聘員工，我們會有預算嗎？」他們會先思索片刻，然後開始對這項提案產生好奇：「或是我們改跟當地的廠商簽約呢？這樣我們也可以同時解決語言和時區的問題。」如果對方提出的反提案比你原先的點子來得更好，記得保持謙遜及開放的態度。只需要快速討論一下職責分配與結案期限，就大功告成了。

反思自己如何回應批評

你勢必也會遇到受人批評的情況，而且不管我們多麼努力嘗試保持心胸開放、「不要往心裡去」，對所有人而言，被批評仍然是一件惱人的事。不過，當然啦，如果批評內容跟你相關，那必然就是針對你的嘛。儘管如此，你或許已經注意到，自己會對不同的評論做出大相徑庭的反應，包括批評你的人是誰、為什麼、以什麼方式傳達，有時候會心存感激地接受、有時候會忽略並立刻遺忘，或甚至叛逆地反其道而行，即使自己覺得這種作法很幼稚也一樣。

我們的討厭鬼分類或許已經為你帶來一些啟發，讓你反思自己的觀點，以及相關的典型感受與行為。舉例來說，假如你覺得自己是個問題解決者（第五類），你會知道（或至少讀完這一章節之後會知道）你在面對明確、有建設性、以事實為根據的批評時，會做出最佳回應，但面對隱晦、情緒化、具侵略性的批評時，反應便會顯得很差。不過，或許你的老闆是個自以為是之人（第二類），然後他先對你發火，並開始一連串充滿人身攻擊、指控的憤怒獨白。以前，這種情境可能會讓你大受影響、心情很差，但現在，你可以把它放入完整的脈絡來看，知道對方其實揭示了很多關於他自己的問題、跟你本身沒有太大關聯。你可以清楚分辨「事實」（他的正確批判）及他的「詮釋」（他批判的方式與他添加的東西），而這兩者對你而言都具有啟發性。理想上，你知道自己的類型，以及典型的詮釋與反應，並至少可以在某種程度上藉此修正自己。

當你在進行反思的時候，去看看網路上那些惱人的留言會非常有幫助。例如你經常閱讀的新聞網站或社群媒體平台，你或許已經被它們惹惱很多次了。它們通常都不符合事實，可能對原本的貼文內容有所誤解、惡意曲解或擅自詮釋，藉此表達自己的渴望、投射與挫敗，而非真的跟貼文有什麼關聯。這為我們的生命帶來重要的一課：百分之九十的「回饋意見」都毫無價值或甚至有害，而且也沒有資格、不適切、零幫助，只會消耗時間、傷心傷神。

你該如何讓自己不這麼依賴它們，並只採用剩下合理的那百分之十呢？首先，在腦中將所有跟你毫無關聯、不是你所造成或能夠影響的事都過濾掉。接著，改掉拿自己的事去問別人「看法」的習慣，或是改用更聰明的方式問：「假如你是我，會怎麼做？」因為對方並不在你的位置上、不比你理解你自己，而且不需要承擔這些決定的後果。在多數情況下，這些問題根本不是真的在發問，而是試圖將一些責任丟給別人：「但你之前說……」

最好的朋友可能不是最好的顧問

你應該做的事，是向他人詢問實際資訊或他們的個人經驗，這能夠幫你補足資訊中的落差、改善你的決策，但除此之外也仍能維持不受影響。如此一來，你能夠向他人學習，但也會時時謹記人生是你自己的。你可以做其他人都覺得是大錯特錯的決定，它可能反而完全適用於你。

讓我們來舉個例子：你正在考慮將工作轉為兼職，這樣就可以開始同時著手自己的生意。此時，「你會這麼做嗎？」是個錯誤的問題，你得到的答案對你而言一點價值也沒有。準備辭職的同事會覺得轉為兼職是個懦弱的選項，建議你「做出果斷的改變」、「放手一搏」；另一位剛結婚、背房貸的同事在財務上無法承擔，他會建議你不要這麼做，但暗自對此懷有夢想。

如果你不確定自己有哪些可能選項的話，最好詢問熟悉聘雇法規的人。你會發現，根據兼職工作相關法規，你在一個全職職位上工作超過六個月之後，就可以轉為兼職，你的雇主只有在非常罕見的例外情況下才能拒絕，但保險一點的話，你應該同意日後回歸全職。接著，你可以詢問已經轉為兼職的人，看他們如何規劃每日生活、架設網站、獲得首批顧客。雖然你當然可以採取不同作法、並仍然成功，但這麼做可以為你帶來鼓勵以及實務上的幫助。

這意味著，你必須釐清：最好的朋友可能不是最好的顧問。要給出有建設性的批評，必須具備你所涉及領域的專業知識以及生活經驗，同時，你也必須理解並接受「我」與「你」之間的差異。這可以讓你更容易忽視別人的意見、為自己做決定。即使是面對職員評鑑回饋，「謝謝」就已經足以作為答案了，你不見得需要為自己解釋或辯護。

帶著體諒的心

當你在批評討厭鬼時，有時候可以深刻地觀察到許多人有多麼無法接受指教。記得提醒自己，即使你清楚知道自己的失敗或錯誤，你對於別人的批判仍是那麼地敏感。到頭來，你還是必須跟其他人一起工作，所以，即使受到一些嚴厲的批評，如果你仍能以感激的態度、輕鬆的心情去接受的話，也算是幫自己和別人一個大忙。

有時候，當你與人敞開心胸地對話時，會聽到一些非常驚訝的反應，像是：「所以你是那樣看我的嗎？」或甚至是顯得較為擔憂的反應：「其他人都是那樣想我的嗎？」這就是著名的「自我意象」與「外在形象」之間的落差，即你自己以為的樣子與別人認為的樣子不一定相同。任何情況皆有可能發生，像是完全高估自己的能力，並因此被惡狠狠地敲醒，抑或是別人在你身上看見你自己從未發現的東西，因此大受鼓勵。

我曾經在一場研討會上參加一個有趣、提供許多見解的團體練習。其中，每位參加者的背後都被用膠帶貼了一張A4紙，並附上一支筆。大家的任務是在固定的時限內，在房間中四處走動，並在每個人的背上寫下對方讓自己特別欣賞的特點，對方也會反過來寫下他們的評論。練習時間結束時（練習期間當然充滿了笑聲），大家就可以拆下背上的紙、閱讀其他人對自己的想法。當然啦，正如活動原本的計畫，所有評論皆為正向，但出乎意料的是，許多人因為其他人在自己身上看見自己幾乎不曾發現或欣賞的特質，而感動得哭了出來。相較於其他人，大家其實都對自己更加嚴苛。

找出最適合自己的回饋文化

所有企業文化中很重要的一個部分，便是人們如何處理批評、回應錯誤，這就是所謂的「回饋文化」（Feedback-Kultur）。你在這裡也會找到一大堆根本不適合任何人的方法。在有些企業中（例如：新創公司），他們忽視錯誤，甚至鼓勵大家勇於承擔風險，只要避免再次犯下相同的錯誤即可。其他企業（例如：大集團或當局機構）也喜歡如此聲稱，但其實非常小心翼翼、不易原諒錯誤。有時候，你會受到公然懲處，例如嚴厲的言語，或是在年度評鑑上被扣分；有時候可能只會收到警告、沒有其他後果，但他們在回饋中會告訴你，未來不應該再犯相同的錯誤了。

如何發現自己是討厭鬼

或許我們對自己和其他討厭鬼判斷錯誤而不自知。以下這些徵兆可以幫助你認識到，別人可能是怎麼看你的，以及如何讓自己成長、進步。

對許多人而言，最令人能夠接受的其中一項自然法則是：別人總是比自己差。拜託，別人的錯誤就該被拿來仔細討論一番，但自己的錯誤頂多只需要快速帶過，或是甚至盡量保持沈默即可——反正你自己已經很清楚了嘛！不過，讓我們也來考慮一下一個小小的、其實根本不切實際的可能性：別人有時候也會覺得你很討厭。或許你甚至已經經歷過，自己在會議中說了一些東西，雖然沒有注意到任何眼神交換或翻白眼的跡象，但主管、同事或商業夥伴確實深呼吸了一下。有時候，別人可能會比較公開地表達批評，可能是是在員工餐廳內不經意地提到，抑或是在評鑑或年度會議上以正式的方式表明。只不過在後者，「你很煩」聽起來稍微比較精妙：「你可以加強溝通技巧」、「你在團隊中仍有不少潛力」、「你有試著努力達成所有目標了」、「你的工作可以組織得更好」。但這些話基本上就是在說：「對我們來說，你有時候是個討厭鬼！」接下來是告訴你如何改進的「建設性建議」。

你不必因此感到絕望，沒有人是完美的。在這個章節中，你將學到一些別人如何看待你的典型徵兆，而如果你想要的話，也可以學到該如何精進自己。沒有人會因此變得完美——那是不必要、也不可能達成的事。不過，你將在過程中學會反思自己的個人觀點與行為，並因此有意識地決定自己是否喜歡這樣、這樣是否有用，或者其他做法是否會更好。在這裡，同樣地，你可以在這些描述中決定什麼內容最適用於你自己。以下，你將讀到一些建議，包括最適合你的職涯規劃，以及如何發展、精進個人潛能的方式。

更瞭解自己，也能因此更容易包容別人

每個人都會因為討厭鬼而感到困擾，有時候自己也難免是個討厭鬼。誠實的自我評量，包括自己的優、缺點，可以大大幫助我們降低批判他人的嚴苛程度。我們會在他們

身上看見自己，包括自身錯誤與內在衝突，如此一來，就會更願意以全盤的觀點審視對方、包容對方的缺點並接受他們，並在對方犯錯的時候原諒他們。包容不全然只是有品德的舉動，更會讓你的生活變得更加有趣、豐富且和平。

過度容忍、常受壓榨：永遠的受害者（第一類）

假如你覺得其他人常常對你很差、你不太有辦法捍衛自己，那你的感受大概就像是永遠的受害者（第一類討厭鬼）——即使認知到這件事讓你感到受傷。你只是想要做自己的工作、拿到公平的薪水，除此之外，就只想要平靜。可是，你勢必已經注意到自己經常被人佔便宜，卻沒有什麼辦法反抗。你希望變得更加勇敢、更常說「不」，並對他人劃下更嚴格的界線，但卻又常常偏好保持沈默。於是，別人反而會指控你抱怨太多，卻不太採取行動改善自己的處境。

你希望受人尊重地對待，希望自己不必一直努力爭取、別人就會考量到你的需求（例如：不要時時刻刻都工作超量，並收到合理的薪資）。不過，目前為止，你的成就相當有限

——或許只是一個普通的職位，或是一個徒有職稱的管理職。你覺得自己過勞，而且獲得的報酬過低。

由於你的容忍，常常將自己導入一些起初看似有趣、但很快就令人失望的位置，尤其是那些費力、甚至時常使人精疲力盡的困難情境（例如：權威衝突、資源不足），但你卻總有辦法堅持不懈。因此，在私人生活中恢復精力是很重要的事（例如：至少有一個空閒的週末，或規律的短假期）。你的優勢在於，你比自己以為的來得更強大，並且能夠撐過長期低潮。

如果你想要成長精進：嘗試尋找並善用無所不在的小機會。舉例來說，即使壓力很大，你每週都可以寄出一封求職信，因為那可能會為你打開一扇解套之門，以及更多希望。增加說「不」的頻率，不用過於害怕可能的後果（第二類在這點算是個好模範），如此一來，你的自決性將會提升，你也會因為成功起身自我捍衛，而對自己更加自豪。

事業成功，但經常陷入紛爭：自以為是之人（第二類）

假如你覺得自己對於事業與私人生活特別投入，但又不得不承認自己時常與人發生不必要的爭執，那你就是個自以為是之人（第二類）。其中，你會感覺自己在遇到重要的事情時（不論是你的生涯，或關於更加公正的社會）你會變得特別熱衷、勇敢。為此，你很樂意展現自己的「態度」、給出「清楚的立場」，並時時「表態」。不過，其他人會告訴你，說你過於激進、甚至顯得有侵略性。

你很重視坦白的言詞與始終如一的決策。內容上的分歧與反對會讓你充滿幹勁，你也不怕與人發生衝突，這讓你很成功，或許甚至因此取得管理職，但這比較會發生在有階層分級且專制的公司情境。你一方面對這項成就感到自豪，但另一方面又經常因為不斷奮鬥而感到壓力，這樣的話，長期下來會影響你的身心健康，並使你的感情與友情關係變得緊張。

有鑒於你的好鬥能量，如果你的持續壓力能得到報酬，那就是最適合你的工作，因為它們所設立的目標都具有相當的侵略性，而且不易達成（例如：新品開發、控管業務以及銷售計畫）。在私人生活方面，你可以加入政黨、工會或政治性倡議（例如：蒐集連署、地位團體辯論、參與競選）。在這裡，如果你能長期思考、堅持度過困境，便會收獲回報，而且就物質層面而言，通常也會顯得相當值得。

如果你想要成長精進：即使你充滿熱忱，但你可以試著更努力去瞭解對手，以尋得折衷，或在緊急狀況中省下爭鬥。這將大幅減少你的壓力，而且你仍能達成與原本相當或更多的成就，並為你創造更多夥伴。此外，學習以更多的放鬆與享受時刻犒賞自己（參見第三類），這將改善你的健康狀況與生活樂趣。

合理，但兌現率偏低：拖延症患者（第三類）

假如你覺得自己很務實、明智，但不得不承認自己的成就並不如能力所及，那你大概就是一位拖延症患者（第三類）。你會覺得自己把份內工作做得很好，也已經成功度過職涯中的一些困頓時期了。你為此獎勵自己、上健身房，並期待出遊與下一次假期。但另一方面，你有時候會感覺到來自他人的壓力，好像必須動得更勤，例如尋找新工作等。

你很重視工作與生活之間的健康平衡、沒有過多壓力的宜人環境，並希望自己能在職場上與人對話，但結果讓你不盡滿意。你很可能只是一個普通或管理部門的職員，大多時候都會逐漸接受現況，但又不太確定接下來會有什麼發展。這其實不算太糟，可是你又會因為其他人超越你而感到心煩，而且你的穩定薪水也不夠滿足你的許多想望。

特別適合你的目標取向作風的工作，會重視你所投入的心力，但不至於使你負擔過重（例如：一般職員，或是低階至中階管理職）。你在私人生活中喜歡將享樂與奉獻互相結合

（例如：在健身俱樂部擔任志工教練、替朋友規劃出遊行程、偶爾幫忙照顧親戚的孩子）。因為你於務實上能夠接受的事情很多，但又仍希望享受人生，這個特點對他人而言是一大好處。

如果你想要成長精進：嘗試在日常生活中訂立一些長期目標，並依此設定優先順序。舉例來說，如果你希望在職涯中更上一層樓，就取消假期、改去參加一些進修訓練。此外，試著偶爾在無法獲得任何直接利益的情況下與他人互動（參見第四類）。相較於總是繞著你自己，這將為你的人生添加更多意義與內涵。

充滿愛心，但經常過勞：熱血心腸（第四類）

如果隨時向他人伸出援手、照顧他們讓你感到特別心滿意足，但又經常受人剝削，那你就是一個熱血心腸（第四類）。你充滿愛心、時時關懷別人，喜歡照顧小孩、病患或年長者等有需要的人，同時也對動物、植物等自然萬物懷著一顆慈悲的心。你很享受看見他人在你的關照下成長茁壯，也享受幫助、鼓勵周遭的人的過程。而當你感到被人需要、覺得自己有用時，你會非常開心。別人有時候會覺得你做得太過頭了，或對你的無私動機起疑，但他們頂多只對了一點點——因為你當然想要被人認可、感謝。

對你而言，有一個關係緊密、互為家人般的工作環境很重要。你很珍惜友善的同事，大家互相支持、不會彼此競爭。由於事業對你來說並不是那麼重要，你大概只是一個普通的職員，但你在公司服務很久了，深獲大家的重視與認可。這讓你擁有相當高度的非正式影響力，而即使薪水只達到一般水準，你也很享受工作，以及與大夥共處的時間。

基於你充滿愛心、關懷眾人的特質，你尤其適合參與可以幫助有需要的人的活動（例如：社工、護理或教育等職業，或是幫助動物、園藝等）。在你的私人生活中，你可以採取類似作法，像是參加當地社團或私人倡議（例如：探訪住院病童、替鄰居外出採購、參與動物救援）。其中，很珍貴的一點是，你不會批判有需要的人，反而很樂意為他們付出、向他們伸出援手。而同樣地，這一切皆無關乎金錢。

如果你想要成長精進：在你幫助別人超過一段時間之後，記得一定要將責任交還給對方，以節制你自己對他人投注的心力。這會拓展你對於「助人」本質的理解，長期下來也可以避免自己超出負荷。試著想想看，你所投入的心力是否能發展成某種事業上的成就（參見第五類）——或許可以自己創業？如此一來，你就能將社會性與經濟性思考連結在一起。

組織完美，但焦躁不安：問題解決者（第五類）

如果你一向以系統式、結構式、有組織的方式來處理所有事項（不過有時候會使他人無法招架），那你可能就是一個問題解決者（第五類）。你享受分析問題、尋找解法，並與他人一起解決問題。因為你公平地對待所有人、給予支持，並激勵他們，這使別人對你心懷尊敬。不過，你對自己與他人的期待非常高，偶爾會因此與不夠投入、不夠厲害的同事發生衝突。

你對於組織性與技術性的方法，以及能夠進一步提升效能的技術與工具，皆感到高度興趣。你持續教育自己，包括溝通、雇員管理等方面。這個特質應該會讓你成功取得主要管理職位，抑或是激勵你成為自雇工作者。如果你在傳統公司內工作得愈久，就愈容易因為公司政治與個人敏感常讓你無法達成最佳結果而感到心煩。

有鑒於你有組織、有原則的行事作風，結合你高度受歡迎的事實，你簡直注定要自己創業（例如：擔任分析、解決他人組織問題的顧問）。在你的私人生活，你可以決定在商業或就業市場等領域當志工（例如：指導年輕一輩的專業人士、幫助創辦者擬定商業與財務計畫，或是退休後擔任資深顧問）。在這裡，如果你能採取有結構性的作法、找出實務解法，便能收穫回報。大家都會很看重你的建議。

如果你想要成長精進：嘗試偶爾參與超出日常的問題與活動，好比哲學、靈性與宗教，這將開拓你對於整體型思考與人生意義等方面的眼界（參見第六類）。注意，千萬不要只為了特定目的而進行例如：瑜伽、冥想，這類單純減少工作壓力的新活動——應該要去從事能為你帶來更多收穫的活動。

高度理想化、稍嫌不切實際：空想家（第六類）

假如全球或甚至普世議題對你來說很重要，你希望世界變得更和平、和諧且周全，那你就是一位空想家（第六類）。身為空想家，你堅信自己正為了那些對全人類應該都很重要的議題發聲，可是卻常常失望地發現，許多人都只想到自己。你也很享受自己的人生，但反對利己主義與消費主義。但另一方面，別人有時候會指控你偽善又自欺，因為你沒有總是言行一致。

對你而言，全方位的思維很重要，考量範圍應該要超出自己的人生，並納入更寬廣的觀點。等到出社會幾年之後，這項特質可能會使你陷入個人價值矛盾。或許你遵循了一條典型的職涯道路，擔任一般職員或經理，並在公司內有一番成就。而現在，你發現自己職等提升了，也受到他人尊敬、賺了不少錢，但你的工作本身卻沒有讓你感到特別滿意。你想要達到更多東西、做更有意義的事情。

基於你的高度道德標準，特別適合你的活動包括與社會、生態或社工有關的代表工作（例如：公共機關、非政府組織、基金會），甚至可以擔任其中的管理職位。私人生活方面，你可以加入社團協會、援助機構或社群（例如：支持難民、規劃環境或氣候行動等）。在這些活動中，你對於長期投入那些原先看似很烏托邦式的遠大目標的意願，將會獲得看重。

如果你想要成長精進：由於你覺得自己跟那些在意的議題之間存有高度連結，你應該在腦中至少偶爾讓自己抽離一下，並融入一些對你來說其實很陌生的觀點（參見第七類）。舉例來說，如果你很關心氣候變遷，你也應該試著考慮相關的社會與經濟層面。這樣一來，就可以提高你想法的成功機率。

客觀，但非常空靈：解釋魔人（第七類）

如果你在觀看事情的時候，基本上都會保持一定距離，但可以輕鬆地將各種不同層面統整在一起，那你可能就是一個解釋魔人（第七類）。你享受觀察、詮釋別人與他們所做的活動，並尋找既有的理論、甚至構想出自己的理論來搭配你的分析。你對於其他人的想法極為好奇，甚至在聽到與自己不同的觀點時感到開心。在其他人眼裡，你有時候似乎看起來稍嫌變幻莫測，好像你不想或無法真正投入任何事情。不過，你大致上都能與自己和平共處。

開放性的討論與具有爭議性的觀點，對你而言相當重要；關於各式各樣不同挑戰的見解也是。這些都能鼓勵你思考自己的解決方法。不過，這並不代表你必須踏入傳統的職涯道路，因為你根本不想好好融入大型組織。你的求職歷程可能會比較長，而如果你常常應徵被拒（因為你在這裡是「大材小用」、「很快就會覺得沒有挑戰性」），那也會令人感到相當挫敗。

由於你的高智商，在專案相關的合作情境中，對於內容方面也相當彈性，諮商類型的自由接案工作或新創公司（不論是你自己的或別人的）都比較適合你；研究和教學也是，只要任職機構於意識形態上不拘泥於教條即可。在私人生活方面，前述第一類至第六類提到的所有活動都適合你。不過，運動、自然與社會活動通常最能夠與你的職業形成平衡。

如果你想要成長精進：千萬不要讓自己只陷於理論與概念之中，也要訂定出一些可以實際執行的具體計畫，或許可以找個較為務實的夥伴一起進行。為此，試著定期將自己擺入其他人（第一類至第六類）的位置設想，以從其他觀點與見解中獲益。這樣做也可以避免你自己在抽象概念中陷得太深。

持續改變

個人發展是一輩子的事，因為外在情境、你自己的觀點和期望皆會持續改變。改變的過程有時候顯得漸進、緩慢（例如：一份其實挺好的工作開始讓你感到枯燥），接著又變得突然、出乎意料（像是因為改組或分裂）。當你經歷，並成功掌握這些改變幾次之後，你在應對改變的能耐上便會成長。即使令人不悅的經驗也具有其價值——你可以從中學習到自己可以做什麼，以及想要做什麼。到最後，你在面對意料之外的事件，以及與你個性不同的人時，就能以更加從容平靜、充滿好奇心的姿態給予回應。「誰知道呢？說不定哪天會變得有益。」這種想法傳達了好奇心，同時也讓你有信心，就長遠來看，一切皆有意義。

納入新觀點以精進自己

如果你想要成長精進，有一個好方法，是將目前的討厭鬼分類再往前推進一步。首先，根據書中描述判斷自己目前屬於哪一種類型，接著，再重新將對應描述閱讀一遍。嘗試將自己擺入敘述觀點之中，並想像懷有對應世界觀的人會有什麼感受。試著去做其中提及的活動，並觀察它們在你身上激發出什麼火花。舉例來說，如果你目前屬於自以為是之人（第二類），減少批判，然後最重要的是照顧自己、多寵溺自己一點（像第三類的拖延症患者那般），很快地，你遇到的衝突與壓力就會隨之減少。假如你將自己歸類為上述的第七類，那你可以在第一類至第六類當中隨意挑選一個進行練習。

伴侶、小孩或朋友是討厭鬼

如果你無法選擇公開爭論或斷絕聯繫，那就採取其他方式，使身邊親近的討厭鬼變得可以容忍，像是將他們的乖戾之處包裝成可愛的特質，並根據你自己的計畫將它們變成你的優勢。

不論眾多的主管與同事再怎麼難搞，他們其實都有一個優點：如果需要的話，你可以快速與他們切斷關係。取決於公司規定的離職預告期，這種分離歷時三或六個月，仍有辦法應付。然後你還有尚未請完的年假，畢竟人這一生中很少能這麼快就重獲自由。但在私人生活中，事情就變得非常不一樣了。即使是最快速的離婚（雙方都同意的情況下）在法律上都至少需要耗上一年的時間。此外，孩子是一輩子的責任，而「Z世代」一直到三十五歲以前，都仍希望被當做小學生。你會一直碰到以前的朋友，除非你想要尋找一個全新的環境，包括最喜歡的餐廳和店家。

討人厭的伴侶、小孩或朋友尤為一大挑戰。你會跟他們一起度過好幾十年甚至是一輩子，所以，比起低於標準薪資的暫時職位，私人關係更值得你投入心力。使衝突惡化或斷絕聯繫是最後不得已的手段，但當大家住在一起、擁有親屬或財務上的關係，而且彼此其實有愛的話，劃定界線是相當困難的事。基本上，你也同樣能夠採取那些套用於主管、同事與商業夥伴身上的規則，只是執行上稍微不那麼嚴苛。不過，還有一些其他選項：將目前無法改變的事情加以包裝美化、小心翼翼地引導討厭鬼精進自己，並根據你自己的計畫利用他們的乖戾之處，製造雙贏局面。換言之，就是懷著體貼的心劃定界線。

謹慎地審視自己是否應該與親人共事

假如你在考慮跟伴侶、家人或朋友一起創業，記得，你將與對方以事業夥伴和同事的身分相處，同時也仍保有私人關係。這是一個雙重要求，將套用於共事情境中，以及你可能會向伴侶挪借創業資本。因此，你必須非常謹慎地審視你們在類型上是否適合

（本章節將有更多討論）。

粉飾目前無法改變的事

懷著愛意美化事物，儼然像是拯救感情關係，並讓人們以自己的方式感到幸福。如果你將身邊親近的討厭鬼的乖戾之處包裝成「可愛的個人特質」，並告訴自己「他們不是故意的」、你也無能為力，那你就再也無法生他們的氣了。他們不是刻意要這麼做的啊！這就代表你不需要不滿或爭執；你接受了目前無法改變的事，全然專注於你身邊的人好的一面。

事實上，我們總是有辦法以正面角度詮釋所有討厭鬼的特質，也不需要摻入任何謊言。永遠的受害者（第一類）很會忍耐、心思細膩，自以為是之人（第二類）精力充沛、盡心盡力，拖延症患者（第三類）考慮周全、行事謹慎，熱血心腸（第四類）充滿愛心、善於關懷，問題解決者（第五類）做事務實、有組織力，空想家（第六類）富有遠見、激勵人心，解釋魔人（第七類）擅長分析、客觀中立。他們的正面與負面特質其實是一體兩面，兩者無法獨立存在。我們可以與之共存，甚至真心欣賞它們。

如果你的摯友又因為十年前拋棄她的前任而哭泣，千萬不要憤怒地說：「我的天啊！同樣的故事你還要再講幾次？而且你們還在一起的時候，你根本早就想分手了啊！」現在，你已經知道，永遠的受害者（第一類）無法接受合理的論點，總是會不斷尋找新的解釋。那你寧可正面地想：「這一定是那種電影和小說最愛講的愛情故事——他們當初沒辦法在一起、沒有對方活不下去。」然後給她一個安慰的擁抱，邀請她去喝星巴克。

細心引導以達成效果

不論如何，你永遠都無法改變你的伴侶、孩子或朋友，但你可以鼓勵他們「成為最好的自己」。公開批評幾乎總會導向反抗，所以應該保有「例外」。當你在批判某人時，記得計算：隨著每一個批評，同一個人必須得到十倍的稱讚，不然他們很快就會認為你只會抱怨、全盤否決他們。比較好的方式是去預想那個討厭鬼未來可能會變成什麼模樣，這個作法能夠傳達：「我在你身上看見變得更好的潛能，而我相信你可以變成那樣。」

你可以向朋友圈中那位缺乏動機、長年懈怠地卡於店員職位的拖延症患者（第三類）傾吐內心話：「我覺得你具備擔任管理職的能力。」剛開始，他會訝異地抬頭看你——因為有人如此信任他而感到震驚。接著，他會以更周全的方式回應你，但同時信念愈來愈堅定：「我想你是對的！」這或許能成為決定性的推力，讓他停止想著健身房、下一趟旅行，並開始思考自己未來的職涯發展。你可能可以給他小建議，例如進修或自發地投遞履歷，剩下的就是他必須自己做的事了。一旦他成功當上在Instagram粉絲數眾多的「混合健身」連鎖品牌的銷售經理，他會覺得這一切都是他自己的想法。

家族中那位愛做白日夢的年輕女性，以「研究助理」職位勉強度日，聘雇契約以年度為單位、薪資僅為公民收入（Bürgergeld）水準，目前為止只有在她宣布自己現在是「性別流動者」時才獲得過一次關注。你應該對她說：「你可以做出這麼多改變！現今的政黨很需要像你這麼認真投入的女性。」身為一個空想家（第六類），她其實也是個熱愛生命的人，已經知道該怎麼執行，並且正在努力朝著薪資優渥的國務秘書邁進——更配有公務車和載貨自行車可以拍照。你很快就會在報紙中看見她的照片，而她那「專寫性別身分認同的酷兒女性主義部落格」屆時也早就被拋諸腦後，因為她後來加入了地區能源供應商的公司監察委員會，畢竟它們亟需產業外人士提供充滿野心的點子。

藉由這種方法，你可以激勵討厭鬼將他們的才能發揮至最大，並善用他們的特質，為他們自己與他人創造益處。其中令人愉悅的副作用，就是你所受的折磨將會降低，因為你提攜的後進如今已經尋得屬於自己的受眾。這項成功讓大家皆大歡喜！

有目標地將他們擺在能夠發揮優勢的位置

職場上，你必須遷就那裡的人，引用德國一位知名女性前總理所說的：「啊，他們就已經在那裡了。」即使擔任管理職，基於既有的共同協定與聘僱合約條款，你能採取解僱或調職手段的空間也相當有限。但在私人生活方面，情況就非常不一樣了。你只需要動用一些小技巧，就可以在完全不被察覺的情況下，將伴侶、孩子和朋友導入全新的位置。

如果你自己的女兒是推特上那種爛草莓，不斷辱罵所有人，並沈浸於掌聲之中，那你現在應該知道她是個自以為是之人（第二類）了。你之前可能會假設她只是「高度敏感」，但那可能只能套用在她的自身事務上。不過，由於她的特質，她可說是處理難事的最佳人選，包括提出申訴或面對權力當局。她會一直爭論到贏為止，而在釋放出如此大量精力之後，她可能很快就只會在網路上貼一些跟調停相關的心靈雞湯了。

另一方面，你將內向的兒子歸類為問題解決者（第五類）。他永遠只會獨自坐在房間電腦前，從來沒有交過女朋友，但他其實根本沒有社交障礙，只是喜歡將自己埋首在科技相關課程當中，也真的會去讀他姐姐從未碰過的教科書。你可以請他先幫媽媽的私人副業架設網站，然後建議他去參加當地維基百科編輯者和資工愛好者的定期聚會。現在那些地方甚至應該還會有女生出沒呢！

假如有個媽媽發現她丈夫是個自以為是之人（第二類），她可以很聰明地送他最喜歡的球隊的年票，藉此將對方送出門看足球。他在那裡可以盡情地羞辱敵方、大吼大叫到累了為止，並筋疲力盡卻滿心歡喜地回家。另一方面，他曾經注意到妻子是個熱血心腸（第四類），那他可以建議她到當地教堂的蛋糕市集販售她堪稱傳奇的德式櫻桃蛋糕，收益還能捐去做善事。這可以讓她感到快樂，也不會因為情緒上未獲滿足而從羅馬尼亞領養五隻流浪狗，或是將他們的共同積蓄拿去樂捐。

相信人會不斷演進

我最近在一座翻新的牆上看見有人用噴漆寫了以下這句標語：「這個世界並不需要更多成功的人。」達賴喇嘛曾經以多種版本說過這句話。我看到時，心想：「還需要建築師、砌磚工跟油漆和噴灌的製造商喔。」但那正是我們在現今的許多抗議運動中會聽到的東西，假如我們沒有iPhone、臉書和YouTube的話，也不可能得知這些運動的資訊。當你仰賴著體制時，想要抵抗體制必然是一件困難的事，就像那些仍跟父母住在一起、依靠父母餵養的青少年想要違抗父母一樣。假如我們自己落入父母的處境，有自己的公寓、孩子和帳單，那也只能搖搖頭、會心一笑，甚至在回想起過去的自己時感到稍微尷尬：「我當時到底在想什麼呢？」

即使人們不可能真的徹底改變，但總會有所演進。你身邊的討厭鬼幾年之後就不會像現在這麼活躍了，這或許能鼓勵你保持冷靜，不必為所有事感到憤怒，反而可以等一等、給對方機會。

最佳情況是他們在分類等級中升級。舉例來說，以前的老同學每次聊天時都只會抱怨她的生活，顯然是一位永遠的受害者（第一類），但你可以合理地期待她有一天會開始對自己或他人生氣，並因此在整體上變得更有活力。此時，她變身為自以為是之人（第二類）；儘管她開始對許多事感到不爽，但至少也同時變得更加主動，並且努力改變她的生活。再幸運一點的話，她有一天會開始厭倦爭論、花更多心思照顧自己，並允許自己更加享受生活，這樣一來，我們就有個比較令人能夠接受的拖延症患者（第三類）了。

不過，也有其他相反的情況，而且那些一向是充滿壓力的情境。像是一位家長可能必須花上好幾年的時間照顧已經成年、但人生不順遂的孩子。這位父親或母親仍得在租屋或民生購物上提供金援，並以權威姿態寫信要求其他孩子出手援助，否則這些問題將無法獲得解決——這位家長顯然是個熱血心腸（第四類）。但與此同時，他們常會因為自己精疲力竭、受夠了，而開始憤怒（第二類：自以為是之人）或自己變得也需要別人幫助（第一類：永遠的受害者）。這並不是我們所樂見的演進，但仍算是某種重要、有用的學習歷程中的一環，可以讓討厭鬼當事人能夠學會有節制地付出幫助，並記得照顧自己。

因此，當你遇到處理討厭鬼的困境時，永遠記得將眼光放遠。不論是在職場上或私人生活中，你眼前所見的、當下正在處理的情況，永遠都只是一個瞬間。過了幾個月或幾年之後，事情看起來會變得不一樣，而且，至少對你而言，會比今天來得更好。

完美結合

適合進階使用者的專案，是將周遭的多位討厭鬼互相結合，並確保他們不會使彼此惡化，反而可以彼此中和，但最好能讓他們互相補足，進而成為一支無堅不摧的團隊。舉例來說，務實的問題解決者（第五類）與理想化的空想家（第六類）便是一個理想組合。其中，前者熱衷於麻煩的執行層面，而後者提供雄偉的遠見。不過，為了要讓大家皆能順利運行、避免以徹底斷線的局面收場，我們需要滿足各式條件。這就是下個章節要討論的內容。

如果能讓不同人以互相補足、合作愉快、相處融洽的狀態共事，可說是通往成功的必備能力。不論你是負責帶領團隊、組織專案，或是規劃某一場活動的邀請名單，你絕對不會碰到特質類似、能夠互相替換的人，而是必須考量天差地遠的個性、觀點與期望。

初學者會盡量聚集特質類似的人，以避免這種問題。優點是衝突較少，也不太需要協調。不過，這樣也會讓一切很快就變得無趣，而且可能也找不到那麼多相同類型的人。因此，專業人士會被擺放於較為廣泛的光譜上，並將不同特質的人互相結合。這種配置是經過深思熟慮的安排，但它本身並不是一個目標——跟缺乏思考的「多元性」部門所想像的不同。當我們有愈多不同類型的人，他們就會有更少共同點，那麼，確保大家能為共同利益（或至少共同的基本價值與期望）而互相補足、合作，就會變得更加重要。

針對自己演進的方向進行年度回顧

在多數公司中，針對全體職員進行至少一年一度的評鑑及一對一面談討論，為常見做法。如果套用在個人身上也是不錯的點子——你可以在每年年底（例如聖誕節至新年之間較安靜的那幾天）寫下當年的重要事件，以及自己把哪些事情做得不錯，還有哪些應該可以做得更好的地方。藉此，你可以為新的一年立下目標、訂定重點，並規劃具體的達成步驟。等生活再度回到日常軌道時，這就可以提升你依照計畫成長精進的可能性。

誰適合誰？討厭鬼的組合

主管、員工與同事究竟能否合作無間，取決於他們的個性與價值是否相輔相成。對每一種討厭鬼而言，都有搭配完美的組合，也有些組合全然不適合。

當你去審視當前的職位、回顧目前為止的職涯，你會發現自己將會、或已經與不同人產生不同程度的相處。你可能會跟一些上司熱情地來往、但跟其他上司爭執，跟一些同事成為親密好友、但從未對其他同事展現溫暖的一面。其中可能有許多理由，但主管、員工與同事究竟能否合作無間，很重要的取決條件在於他們的個性與價值是否相輔相成，或至少不會彼此干擾。對每一種討厭鬼而言，都有搭配極致完美的組合，也有些組合從根本上就不適合。

以下，你可以找到關於你在本書中學到的七種類型的資訊，包括他們跟誰最合作無間，以及衝突最常發生於哪些地方。最好的方法是先以自己的觀點（你所屬的類型）閱讀概述，並基於自己的經驗，將自己與其他類型的相容性評語互相比較。接著，你可以去看看其他類型，像是代表你的老闆或特定同事的類型描述。

最好選擇符合你個人背景的任務

當兩個討厭鬼一起共事時，如果他們各自的個人背景可以互相補足，那對大家而言可說是最好不過了。其中的必要條件是雙方各自標明負責領域，並尊重彼此互異的強項。舉例來說，忙碌不已、時而帶有侵略性的自以為是之人（第二類）負責客戶開發，而盡心盡力、暖心親切的熱血心腸（第四類）則負責執行訂單與客戶服務。

考慮組合關係

時時思考你認為自己屬於哪種組合內的角色——主管、職員或同事？因為那些典型特質會因為關係的本質而產生非常不一樣的效果。好比說，你自己是位於職員階級的拖延症患者（第三類），那麼，身為自以為是之人的老闆就會讓你壓力非常大，但同時也相當有幫助。他會促使你達到自己的最佳狀態，進而使你的事業與薪水也有所精進——這一切都是你獨自一人時不可能達成的。但另一方面，當你是位於主管階級的拖延症患者（第三類），那自以為是之人（第二類）就有機會變成令人不悅、甚至危險的員工。對方會思念強力的領導方式，接著，很快地，就會盡己所能地將自己變成老闆了。其中一個解套方式是給予他很多自由與個人專案（那至少能夠暫時將他的精力耗掉），然後再賦予對方他渴望的能見度，並藉此於國內、外其他領域開啟新的求職選項。

永遠的受害者（第一類）：問題解決者最有幫助

與這些脆弱、時常精疲力竭的人最能協調的類型，是那些擅於鼓勵、事必躬親的人，不會去濫用他們的弱點、也不會老是想著它們。更確切來說，**問題解決者**（**第五類**）能夠成為這類討厭鬼的好朋友，適時出手相助、但又同時保持足夠的情緒距離。另一方面，最好不要再來第二個**永遠的受害者**（**第一類**）——你們能夠彼此理解，但卻只會將彼此拖下去，直到最後，一切將看似徹底失去希望。

對永遠的受害者而言，問題最大的是**自以為是之人（第二類）**。對方可能是具有侵略性的主管，會把這類討厭鬼嚇壞；如果是野心勃勃的同事或員工，很快就會把他們推到邊緣境地。**熱血心腸（第四類）**可以讓他們很自然地感到被人接受、支持，但這種關係經常會演變成不健康的彼此依賴。他們與**拖延症患者（第三類）**共享一種普遍性的沮喪情緒，能夠受對方啟發、稍微更能享受生活——這常是某種新局面的開端。**空想家（第六類）**可以撫慰他們，但也可能將永遠的受害者帶入一種古怪、鮮有幫助的世界觀——新時代思維、密契主義。至於**解釋魔人（第七類）**會令他們覺得很冷淡、有距離感，彼此之間沒有話說。

自以為是之人（第二類）：願意讓步給熱血心腸

身為好鬥卻又常常很固執的人，能為他們帶來最大益處的，是那些能以同等熱情處世、但又能將自己難以駕馭的精力疏導至有建設性方向的人。如果**空想家（第六類）**能說服自以為是之人同意他們的願景，那他們將能成為強大的雙人組——自以為是之人求好心切，而且通常能夠爭取成功；另一方面，他們很難尊重**永遠的受害者（第一類）**，因為對方的弱點會讓他們不禁心生嘲弄、或甚至殘酷的念頭。

再來第二個**自以為是之人（第二類）**堪稱完美，能夠成為同等厲害的夥伴。不過，事情的發展常會變成兩人分道揚鑣，轉而反目為競爭對手或敵人。如果這類討厭鬼是**拖延症患者（第三類）**的主管，將能促使對方達成最佳表現——雙贏；但相反地，如果他們處於下屬位階，便會認為對方過於軟弱，並想盡辦法取得對方的工作。他們經常意外地與**熱血心腸（第四類）**相處和諧，因為他們不將對方視為競爭對手，反而能替他們的粗暴的作風加以協調、校正。他們通常一下子就會跟**問題解決者（第五類）**發生衝突，因為對方對於領導風格與調性的理解，跟他們自己完全相反。最後，他們覺得**解釋魔人（第七類）**很無聊、乏味，但很適合替他們的點子擔任充滿侵略性的執行者。

拖延症患者（第三類）：由自以為是之人推向成功

與這些無法下定決心、經常無法滿足的人相處最為融洽的，是那些認可並提升他們的潛能、同時確保不摧毀雙方關係的人，因為這樣一來，他們就會變得任性。理論上，**問題解決者（第五類）**對他們而言是完美的主管，但因為對方常會因為他們的被動而感到絕望，所以其實最適合當他們那激勵人心的同事。另一方面，**自以為是之人（第二類）**常能藉由自身具有侵略性、不顧他人的行事作風，將他們推向傲人的成就，但同時在過程中也會把他們累壞。

對**永遠的受害者（第一類）**而言，他們是善解人意的傾聽者，但他們同時也會被對方的怨言拖下去。另一方面，他們與其他**拖延症患者（第三類）**之間的相處極佳，一起八卦關於公司和工作上的事可以增強他們的連結，並讓雙方獲得緩解。**即使他們不會從熱血心腸（第四類）**身上獲得什麼利益，因為他們可以獨自處理好一切，但對方可以成為這類討厭鬼最暖心的朋友。**空想家（第六類）**能夠激勵他們創造更有意義的人生，不過，雖然他們確實為自己立下了更多目標，但往往只會流於動機聲明。他們基本上會覺得**解釋魔人（第七類）**通盤性的思考相當有趣，但他們自己其實過於務實又崇尚享樂，而無法做到那種程度。他們寧可去計畫下一趟旅程或新的購物行程，即使又無法還清預借額度也沒關係。

熱血心腸（第四類）：由永遠的受害者領向極限

身為富有同情心、擅於關懷他人的人，能夠幫助他人會讓他們感到快樂。最佳情境是遇到可以讓他們幫助、但又不會造成永久性負擔的對象。如果有性格相反的**自以為是之人**（**第二類**）當主管或同事，將會意外合適——雙方珍視著彼此的差異，也絕不會成為彼此的競爭對手。他們會跟其他**熱血心腸**（**第四類**）的價值產生連結，時常可以導向和諧的合作關係，好比互助計畫等。

永遠的受害者（**第一類**）對熱血心腸而言問題尤其嚴重——起初令人滿足的援手，很快就會演變成令人透支的互相依附關係，但也常是一個讓人反思自身行為的機會。他們與**拖延症患者**（**第三類**）之間擁有和諧、但毫不起眼的同事關係。至於**問題解決者**（**第五類**）會讓他們覺得過於累人，同時，對方認為他們表現不如預期。假如他們是對方的員工，那就會導向衝突，他們也會出現抗拒表現。他們對**空想家**（**第六類**）很陌生；雖然雙方都懷有某些理想主義，但他們覺得對方對於真人的興趣不足。同樣的情況也套用於**解釋魔人**（**第七類**）身上；他們對於對方較為抽象的主題與想法興趣缺缺，而另一方面，對方則認為他們的思想過於拘泥小節。

問題解決者（第五類）：由解釋魔人提供理論

最適合這些組織完善、激勵人心的人的對象，是那些同樣想要精進自己、珍惜可以一起於大型計畫共事的人。如果有第二個**問題解決者**（**第五類**），將會成為強大的夥伴與競爭對手。因此，就長期而言，放鬆、以專案計畫為基礎的合作關係，將運作得最好。相反地，他們往往會跟**自以為是之人**（**第二類**）發生衝突——對方具有侵略性、冷酷無情、時而心機的特質，徹底牴觸了這類討厭鬼本身的價值。

他們偶爾能使**拖延症患者**（**第三類**）蛻變成厲害的員工，但其中需要很多耐心；如果由對方擔任主管的話，他們會覺得對方太弱、太負面。同樣的情況也能套用在**熱血心腸**（**第四類**）身上——雖然他們感激對方努力讓環境氛圍變得宜人，但他們總會懷想著成就感。他們可以擔任**永遠的受害者**（**第一類**）的導師與朋友，鼓勵對方更加積極，不過，在職場上共事就不甚合適了。起初，他們會認為**空想家**（**第六類**）過於不問世事，但後來其實常會受到對方啟發，開始超出務實框架思考。相較之下，**解釋魔人**（**第七類**）打從一開始就與他們較為接近。雙方皆熱愛結構式思考——問題解決者屬於務實使用者，而解釋魔人屬於提供靈感的理論家。

空想家（第六類）：認為拖延症患者過於物質主義

身為全心投入、但又非常理想化的人，最能與他們互相補足的就是務實、組織完美的人，這是唯一能夠將他們的理想付諸實行的機會。因此，當他們與**問題解決者**（第五類）能夠維持分工，並尊重彼此的貢獻的話，問題解決者會是他們的理想夥伴。他們與**永遠的受害者**（第一類）之間的關係模糊不清——理論上，空想家確實很想幫助對方，但在更具體的情況下，好比身為員工，他們會覺得那很累人、令人氣餒。他們景仰**自以為是之人**（第二類）的果斷、自信，喜歡跟對方一起工作，雖然雙方的個人價值不盡相同。相反地，他們認為**拖延症患者**（第三類）過於物質主義，而且太難推動。助人之心使他們和**熱血心腸**（第四類）產生連結，並感激對方樂於執行務實面、也比他們更擅長幫助他人。**空想家**（第六類）是他們天造地設的夥伴；即使雙方在意的事情天差地遠，他們往往還是能夠找到許多共通點，並互相尊重。不過，情況會變成兩個理論家在自得其樂。**解釋魔人**（第七類）對他們而言相對陌生；對方只想要以客觀事實來詮釋世界，對於改變並沒有足夠的興趣。

解釋魔人（第七類）：認為空想家過於行動主義

能夠為這些擅於分析、但思路抽象的人帶來益處的，是那些能夠激勵他們做出實際改變、鼓勵他們真正參與生活的人。**問題解決者**（**第五類**）對他們而言會是不錯的夥伴，但如果對方是主管或員工的話，常會過於強力、迅速地推動事務；假如解釋魔人能夠同意這一點的話，那雙方將能成為無堅不摧的雙人組合。**熱血心腸**（**第四類**）很適合擔任他們的員工，因為對方能為他們的冰冷行事作風添入溫暖與人性。

永遠的受害者（**第一類**）常令他們感到無助；解釋魔人本身缺乏實際的務實主義，無法給予實質的幫助，人與人之間的安慰也不是他們的強項。**自以為是之人**（**第二類**）同樣跟他們不合，因為他們認為對方過於固執、物質主義。不過，當自以為是之人替他們將想法付諸執行時，一個有效的組合便會油然而生。與**拖延症患者**（**第三類**）共事時，尤其當對方擔任員工時，代表兩個天生被動的人湊在一起，那能成功達成的事將少得可憐。他們對**空想家**（**第六類**）不甚熟悉，因為對方的天性屬於行動主義；他們本身沒有興趣改變世界，只要能瞭解世界就足以滿足他們了。**解釋魔人**（**第七類**）很喜歡偶爾與他們進行對話，但除此之外，雙方通常會互相競爭。因為兩人都很在意根本上的點子，大家一次只能決定採取一個，並付諸執行。

適得其所

在典型的企業環境當中，由英國心理學家兼管理顧問馬里諦斯・貝爾賓於一九八一年所定義的「團隊角色」概念盛行已久。貝爾賓的模組預想了九名成員，其中有人提供新點子，其他人確認其可行性、開發計畫與聯繫、提升決策、避免錯誤、提供技術建議，並克服潛在障礙。當然，實際上很少有團隊能夠真的擁有九位具有各自背景強項、又能專注於特定面向的成員。於是，我們的現代討厭鬼分類法採取全然不同的假設：每個人基本上都能擔起任何任務（提供建議、檢查、規劃等），並能將任務完成至令人滿意的程度。

其中的差異在於動機、承接任務的原因，以及每個人所訂定的優先順序。舉例來說，假如一個熱血心腸（第四類）承接了專案的計劃任務，那人際層面與和睦氛圍就會特別重要；一個自以為是之人（第二類）會比較重視結果，並隨時準備好與人發生衝突，即使犧牲社交關係與大家的情緒也無妨。不過，假設這兩人的技術能力相當，他們當然都能夠勝任這份工作。我們無法客觀地去說哪一個結果「較好」或「較差」，必須依據某些成功準則才有辦法進行評量，好比銷售量與盈利可能是最重要的指標，或是公司的目標是否變得更加全面等。

透過這些概述，除了一些高產能的組合，你應該也會對職場上的緊張關係有更清楚的瞭解。或許這些系統式的觀察整理，已經讓你開始審視自己是否站在正確的職位上，又或者現在是時候做點改變了。這不見得是因為哪位特定的討厭鬼（你到哪裡都會遇到他們），而是他們在特定的公司文化中具備關鍵地位，進而催生出他們並加以發揚。本書最後一個章節，你將讀到關於這方面的整理建議。

即使是難搞的組合，也能夠運作個好些年

如果你認為特定類型的討厭鬼跟你不合，那並不代表你們兩人完全無法一起工作。不過，現在你對於潛在的衝突已經先有心理準備了，這可以讓你維持在更加放鬆的狀態，知道事情之所以會發生，並不是在針對誰，只是因為性格特質與價值觀不甚相符。我們往往會建議大家試著珍惜彼此、學習與對方相處，尤其當你只想短暫（最多二至三年）待在某一個職位時，你絕對有辦法找出相處之道。在最佳情況下，大家甚至可以坦然、開放地進行討論，並一起計劃可預期的改變。

當別人因為私人問題而惹人厭時

這有時候很有娛樂效果，能變成有趣的辦公室八卦，但當主管或同事將太多私事帶進公司，就會變得很煩。這裡將教你如何在同理與距離之間找到正確平衡。

有時候，我們必須出社會許多年之後，才會終於體認到一件再明顯不過、卻能徹底改變你對雇主看法的事：主管和同事也都只是人。他們可能（取決於產業）身穿慎重的正裝坐在辦公室、蒐集大家的簡報、研讀成本中心的報告，並操弄著下一次的升職安排。不過，他們其實過著雙重人生，因為他們並不像大家以前對於「專業形象」的天真想像、或是在「道德正確」的年代裡所宣揚的那樣——他們並不是只以中性的公務人員身分存在，反而也無拘無束地在職場上其他層面中生活著。如果想要瞭解討厭鬼現象、不要將它們看得如此嚴重的話，有這項認知非常重要：即使在工作上，你周遭的人主要考量的，仍是他們自己與自身需求。即使他們所呈現的自我形象，以及大家共同保證的都是以眼前問題為主要焦點，但實際情況往往相反。

令人不安的內幕

一旦你擦亮眼睛，就能頓時看清身邊究竟發生了什麼事。部門經理與在他身邊跟了二十年、隨時同進同出的秘書，兩人不僅特別瞭解彼此，甚至是一對情侶，即使經理其實早就跟別人結婚了。那就是為什麼他太太有一次來參加公司派對、遇到他的情人時，看起來如此緊繃，而且馬上就喝得爛醉。

另一位女同事曾和管理部門的一位男助理交往。當他提分手時，她的報復方式是告訴公司所有的人，他在床頭櫃擺了一張他媽媽的照片，他們每次做愛時她都會一直看到。較年長的部門經理最近也陷入尷尬情境——負責接待的櫃檯小姐叫他下樓，因為有兩位「小男伴」在那裡說他仍欠他們錢。他趕緊衝下樓釐清這場「無法解釋的誤會」；櫃檯人員在一旁小心偷看。

接著是表現得一本正經的團隊負責人，在他晚上「喝通關」之後，沒有任何計程車司機願意載他：「他每次都把我們的車子吐得到處都是。」因此，某次不小心聽到這段話的同事，就不會對以下事件感到太過意外了：他們去年在辦公室舉辦聖誕派對時，一直等到凌晨兩點才能鎖門，因為老闆喝醉、在廁所睡著了，而且還把自己反鎖在內、久久沒有醒來。然後還有會計，她發現自己的男友也是其他至少三位女同事的男友，於是，為了報仇，她用LinkedIn傳訊息給其他女性，她們一起四處發文揭穿這起駭人事件，包括所有人的名字，直到她們的共同老闆緊急制止她們才罷休。

財務部門的女性負責人去度假了四週，並偷偷去做臉部拉皮手術、不想被人發現，只希望大家覺得：「你看起來休息得很充分喔！」但當她回來的時候，因為實在變太多了，導致原已認識她很久的銷售經理以為她是客人，並向她打招呼道：「啊，你好，我的名字是……」直到他已經伸出手、準備握手時才發現自己認錯了，他頓時僵在那裡，接著連忙搬出笑容，驚呼道：「噢，嗨，親愛的！你看起來美呆了！」再尷尬地互親臉頰。

同志行銷經理用工作帳號，將自己買的設計師內衣訂單寄給在紐約銷售辦公室的朋友，但不小心同時發送至全體郵寄清單，並隨即又寄了一封最沒種的信，請求大家不要讀取前一封郵件並將之刪除——當然沒有人照做。而在那之前，大家的議論焦點是一位女同事。她原本已經結婚、育有三子，但懷上了瑜伽老師的孩子，她丈夫隨即拿這件事當作離婚的最終理由。他一定已經等這一刻很久了，畢竟她在一次公司派對喝了幾杯紅酒之後，跟那個毫不起眼的實習生擁吻；此後，大家開始對實習生大大改觀，他似乎也在事件後成長了許多。

最後是一位銷售部門的男同事，他在偷別人桌上的貴重物品時被逮到，包括好幾支昂貴的筆、一支手機，以及某個人留在桌上的錢包內的錢。根據傳言，這已經不是第一次了，只是現在才被抓到。事實上，他自從離婚之後，就陷入財務危機，聽說甚至開始賭博。這次，他一個小時之內就被送走了，但比起之前在辦公室被警察逮捕的顧問，這根本是小巫見大巫——那個人一直在網路論壇上尋找殺手、企圖殺妻，但遇上了臥底密探。

沒人想聽的過量自白

我能向你保證，以上全都是真實發生過的軼事，而且也會繼續在所有公司內以類似的方式發生。人生中所有戲劇性事件，都會發生在你的主管和同事之間，任何經驗豐富、曾得在背後小心處理這類事件的人資經理們，都能充滿信心地告訴你這句話。「人才與文化」部門（People & Culture，人資部門現在如此自稱）可以隨心所欲地盡量訂出各種理想化的道德指南手冊、發布內部公告，並發起許多「宣傳活動」。但就連教會或共產主義都無法改變人類的本性了，警告或立即解雇等威脅其實無法制止任何人。沒有人能夠捨去人性。

其中某些事件或許看起來很逗趣，但如果在工作上出現過多私人資訊，也可能變得相當惱人，尤其現在我們活在一個崇尚公開自白的時代，所有名人都得跟大家分享自己的私密資訊（疾病、戀情、性傾向），所以，很自然地，幾乎沒有任何雇員會希望被獨自矇在鼓裡。幾年前，我有一個同事在會議結束後向大家沈痛地宣布離婚消息；如果擺在今天，大家可能會為此感到驚訝，但僅僅是因為這實在太乏味了，簡直無聊得讓人尷尬。我看過一位管理部門的同事在自己的 Instagram 公開帳號（顯示全名）上，大秀他私底下「斜槓」的第二事業——變裝 DJ，並將它形容為自己對於「多元化」所做的私人貢獻。

LinkedIn 也充斥著私人自白，像是與伴侶或孩子之間的問題、事業失敗、債務、藥物成癮或憂鬱疾病。如果你想不出辦法把這些事情轉變成某種「與大眾相關的議題」、只是想要「開啟一個早該有人提出的討論」或「提高眾人意識」，那就太不可理喻了。人們就是這樣將「愛現的欲望」包裝成「對社會的貢獻」的！

這有時候會導致有趣的劇情逆轉。我之前看到一位前同事在談話節目上鉅細靡遺地大談任職公司內「據稱存在」的性別歧視，表示男性經理基本上都不值得信任。不過，那支長達七十五分鐘的節目，完全沒有收錄任何一句關於她和直屬主管交往的內容，她甚至還跟對方結婚、共同育有兩個孩子呢。與此同時，她發了一大堆全家福照片的部落格在網路上仍找得到，現在，我們只能祈禱，這一切都源自於她的自由意志。

切記，在網路時代，沒有任何事情會被遺忘

許多私人揭露與自白將永遠被保留於世。像是archive.org等免費存取的網路資料庫，自從一九九〇年代，便開始定期將網頁與部落格的當下狀態進行歸檔，即使內容後來有所改變或已被刪除，也無法消除原有的存檔。有時候，別人會將你在社群媒體上的發文截圖或複製，並分享出去，即便你自己的原文從未公開發布或已經刪除也沒辦法。因此，對於你所分享的東西，務必非常謹慎，它們可能會一輩子跟著你。

不惹人厭地繼續在危機中工作

在職涯及管理指南中，一切往往看似簡單：男性主管身穿剛燙好的筆挺西裝、或是女性主管一襲正裝，坐在辦公桌邊、全然投入於「達成公司宗旨」的任務中。但現實情況通常不一樣：工作艱難、工時很長，同時又遇上私人危機，讓你難以全心獻給工作並隱藏情緒。銷售經理家裡或許有個孩子生病了，或是失意的男友因為她一直超時工作而感到心煩；產品經理得照顧需要有人隨身照料的母親，甚至每天都必須去拜訪母親，但她住在一個小時距離以外、而且跟匈牙利看護處得不好；行銷經理掛心著已經失業很久的太太，而他正值青春期的兒子在課業上遇到瓶頸、所吸的大麻量又相當堪憂——在這種情況下，他該如何專注於工作上呢？

一般情況

先來一個令人寬慰的想法：你所經歷的事情並不是什麼個人的失敗，或命運的詛咒，而是常態。你的主管和同事可能從未提起私人煩惱，但你可以預設大家都正在經歷類似的問題。這樣的反思很重要，你才不至於因為罪惡感、羞愧或自我譴責而為自己製造無謂的負擔

——你需要將力氣用在別的地方。同樣的道理也可以套用於那些你認為整體屬於正向、但結果或時機不優的事件上，例如，你的伴侶恰好在你被升職、並得因此搬家時懷孕，然後你剛用貸款買的房子頓時座落於錯誤的城市，而且你仍卡在自己的存在危機當中，流感也一直好不了。這種情況想必一點也不理想又很惱人，但卻時常發生。你可以學會如何處理它們。

下一步是估計這種壓力很大的狀況會持續多久——記得事實求是。許多雇員因為誤以為某個危機只是短期狀態、相信自己有辦法在不改變日常生活的情況下解決問題，於是把自己搞得精疲力盡，但事情就這樣維持了幾個月或好幾年。如果你有所疑慮的話，最好先有心理準備，這樣的情境在可預見的未來內可能會成為你的新常態。基本上，樂觀心態很棒，但在這裡更重要的是務實的估計預期負擔，並如實分配你的時間、金錢與精力等資源。相較於那些你只能帶來有限影響的事情（例如：親戚生病或失業、孩子的行為問題），你可以對那些自己能夠解決的事情（例如：將分期付款付清）抱持更加樂觀的心態。

訂定優先順序

在面對一些問題時，你不得不將自己交給專家，不然就只能祈禱一切順利了。不過，光是認清這件事本身，就已經算是一個需要努力過才能得到的成果——你必須能夠掌握整體概況，包括你當下需要做什麼、以什麼順序加以執行。你需要因為家裡少了一些收入而提高銀行透支額嗎？你需要跟諮商師會談但必須等候三個月嗎？在這些情況中，你可以開啟在公司做專案計畫的模式：將特定困境寫下來、思索可能解法，還有可以找哪些人聊聊。將問題拆解開來、讓它們變得更容易掌握、解決。如果你覺得一切都壓得你喘不過氣，就代表你已經拖太久了。這個步驟能防止你落入永遠的受害者（第一類）那種過於冗長的疲乏狀態之中。

及早求助

在工作中成功撐下來的人，已經比一般人更加獨立、有野心、有能力堅持自我，並對自己能夠「時而咬緊牙關」而感到自豪了。不過，在私人危機當中，獨自面對問題可能會適得其反，像是事業成功、個性堅強的經理，在私人生活中傾向求助過遲，因為他們很習慣自己解決問題。請在事發初期就向外尋求支持——理想上，甚至在仍不需要幫助時就開始，目標是強化你的資源：現在有誰或什麼東西能讓你的生活變得更輕鬆、幫你保持力氣嗎？這取決於當下情況，但總有一些可能選項，像是成癮或債務諮商師、教練或治療師，又或許是可以暫時幫你照顧孩子的好友或鄰居。重點並不只在於取得資訊或建議，而是建立一支小團隊，讓你能將負擔妥善分配、不至於讓你自己或其他人超出負荷。

規劃喘息時間

另外一種誘惑是在危機發生的情況下特別努力、以冀更快解決問題。這在面對可預期的短期壓力時可以行得通，但可能會適得其反，尤其是當情況比預期要拖得更長時，例如，生病的父親變得需要專人照護，甚至或許需要長達數年的看護。因此，即使是在最嚴重的危機當中，也務必規劃每週休息時間——就算只是每週空出一個晚上、週末幾個小時的時間，拿來閱讀、聽音樂、跟朋友聚聚或補眠等都好。不要因為自己正陷於危機之中，就覺得自己片刻不得發懶而有罪惡感。相反地，你其實正在做非常重要的事，那就是儲存全新力量。長期來看，只有那些能夠照顧好自己的人，才有餘裕去照顧別人。

深思熟慮地溝通

你應該在職場上談論個人擔憂的事情嗎？如果它們長期下來會影響你整體的工作日常，像是必須固定提早離開辦公室、或是必須緊急趕回家或去看診，那把它們拿出來談論可能合理。如果你可以暗示自己有些私人挑戰、但沒有太詳細地說明，那這麼做能夠創造人際連結，同時展現你的堅強、真誠與尊嚴。假如你不希望讓別人覺得自己因此招架不住，就把它當作一個「順帶一提」即可。你當然可以好好地哭出來，但這比較屬於你的伴侶、家人與親密朋友圈存在的意義。長期而言，即使公司駐內醫生與心理醫生釋出了各種令人感激的善意，但將過多私事帶入公司，絕非最佳選擇。

不過，真正遇到緊急情況時，一名好的雇主有可能會是救命恩人。他們不僅至少讓一些人有理由在早上離開床、打扮好，甚至或許在私人生活全盤走樣或瓦解時，也仍能提供穩定的日常架構、社交網絡及某種慰藉，讓他們最起碼可以在工作的那八個小時內體驗一些「正常狀態」，暫時忘卻家中所發生的事情。

我自己曾經在剛遇上一場私人危機之後聽了許多職員聊到，雖然他們的雇主在同業中普遍被認為很難搞，但其實遇到緊急事件時，他們能夠很大程度地仰賴對方。主動提供帶薪假期，或是在員工歷經手術、意外或離婚之後給予財務、實務與情緒上的支持……沒有人會忘記這些恩情。經過這些事情以後，大家就會更願意原諒工作上的討厭鬼，畢竟他們在你遇上緊急狀況時，都待在你的身邊。

不論好壞，職場上沒有什麼事情能永遠保密

多數公司針對特定的生活困境皆有提供相當廣泛的支援，包括救急貸款，以及外聘

的心理治療兼成癮諮商師。其中，雇主負責支付後者的薪水，但不會知道自己的哪些員工有去尋求協助，不過整體而言，還是先預設所有事情終究都會被散播開來。但話說回來，在我的經驗裡，散播出去的內容通常皆符合事實，這可以算是一個好處，因為這樣一來，如果你行得正，就不用太擔心自己的聲譽了。反之亦然：即使你覺得沒有人注意到自己的優良表現，但其實到頭來，大家都知道誰有在做事、誰沒有，誰很可靠、誰在不斷製造麻煩。

改變、學會喜歡或離開討厭鬼

惱人的人到處都是，但你可以挑選哪些人跟自己最合得來、你願意跟對方好好相處。以下這幾個步驟可以讓你在人生中獲得更多快樂、享有更多心靈上的自由。

我們全都知道自己有多麼地反覆無常。我曾在卡達之辯中聽到一位同事在辦公室裡說：「我其實很想要杯葛世足，因為人權嘛。但後來因為我生病在家，太無聊就看了。」隨後不久，政府宣布與卡達簽訂天然氣供應協議，此時，顯然大家只要在儀表板綁上「同一份愛」（One Love）彩虹臂章，一切又會沒事了。那面彩虹旗幟仍有一大優點：允許你不被控告為國族主義的情況下，看起來比別的國家來得高尚，畢竟，它代表你全心投入多元與包容嘛，沒有「自決」也沒關係！

明天永遠都可以是今天的顛倒。例如，你還記得大家都被警告電磁波很危險的時代嗎？大家都很積極地將所有電子設備擱置一旁，或許甚至還參與抗議，反對自家社區搭建綠能管線與電訊塔。不過，如今，如果你的床頭櫃沒有擺上第二台待機中的電腦，大家就會覺得你很懶惰；如果你還未下訂電動車，你就會得到異樣眼光。即使手機應該要距離頭部至少一公尺（在晚間也一樣），但再也沒有人害怕因為打過多電話、聊太多天而罹患腦瘤了。有智慧手錶的人也會戴著它們睡覺——那是唯一能夠在早上確認自己真的有睡著的方法。

真正的改變一向艱難，且從來都不受歡迎，這一點光是從大家寧可討論更名、次數遠多於實質結果的討論，就能略知一二。舉例來說，非洲農工於可可農場的工作條件至今仍未獲改善，其中甚至包含許多童工。不過，巴爾森（Bahlsen）將它的餅乾品牌「非洲」（Afrika）重新命名，因為有些人認為原名帶有「種族主義」意味。現在，新的名字是「永恆」（Perpetum）[19]，價格不變、量少了三分之一。這讓管理階層和現場工人都很開心，他們一定常常坐挺身子想著：「如果我們餅乾內的可可用那個名字，肯定很令人傷心。」這種案例在所有產業中都能看見。有些人必須先將他們的「清潔婦」（Putzfrau）改名為「客房服務員」（Raumpflegerin）、再改成「家務管理專員」（Fachfrau für Hauswirtschaft），卻仍不願負擔他們的稅金。不過，現在她們因為目前的職務名稱而「受人尊重」了，這同時也是最廉價的獎勵形式。

在講述時空旅行的Netflix熱門影集《命運航班》（*Manifest*），我們可以很清楚地觀察到這部影集在製作上多麼用心地納入所有可想像的族群和組合，同時也很害怕犯錯，為的就是讓他們「能被看見」。由非裔、拉丁裔、亞裔飾演領導角色？有。其實是女同性戀的科學家？已規劃。勢必要有坐在輪椅上的律師吧？也有啦。具有「變裝者」身分的目擊證人？一樣不值得特別拿出來說。有人偶然之間稱上帝為「她」嗎？當然囉。

釐清自己想要什麼一點也不容易

在這個持續充滿惱人告誡、溫柔又猛烈的糾正的環境中，釐清自己想要什麼一點也不容易，因為我們到哪裡都應該受到保護、免於獨立思考的影響才不會「傷感情」，但當然啦，那些抱有錯誤看法的人除外。當維寶出版公司（Ravensburger Verlag）決定將童書《年輕首

---

19 *Merkur*: »›Perpetum‹ statt ›Afrika‹: Bahlsen nennt Waffel nach heftiger Kritik im Web um«, 18. Juni 2012, https://www.merkur.de/wirtschaft/bahlsen-rassismus-afrika-perpetum-kekshersteller-kritik-web-neuer-name-umbenennung-hannover-zr-90808224.html

領威尼透》（*Der junge Häuptling Winnetou*）下架時，沈痛地表示：「我們的編輯群正如火如荼地處理多元化或文化挪用等主題……並逐一修正我們既有的書目。其中，他們亦向外部專家諮詢，或者雇請具有批判眼光的『敏感內容審稿員』（Sensitivity Reader）來檢視我們的書目，以確保它們正確處理敏感主題。」[20]

瑞士最大的日報《二十分鐘報》（*20 Minuten*）成立一支由二十人組成的「社會責任董事會」（Social Responsibility Board），基本上就是在處理當局與非政府組織所提出的語言及思想要求的分派點（受害者援助、LGBTQI＋組織或是反猶主義、種族主義等領域相關組織的代表）。結果，他們依據運動主義的準則，以及來自外部專家定期的評價，最終產出了二十五本針對編輯、女性主義文法、照片挑選等主題的指南手冊。就這樣，記者再也不批評政府機構和遊說團體了，反而要求對方來訓練、指引他們。一位曾在那裡任職過的女性友人寫了一篇長文討論「藍眼睛」（**blauäugig**：天真之意）一詞是否仍能用、或者它已經被歸類為「種族刻板印象」了，以及非洲的猴痘患者的醫學用圖片是否不該以黑白印刷（亦即「族群中立」）、否則會加深疫情嚴重的印象——的確是這樣沒錯，但卻很容易將大眾導向錯誤的結論。

社群媒體平台上的情況也無異於此。繼臉書逼迫大家閱讀其「新冠病毒資訊中心」的宣導內容長達兩年之後，它現在又添加了「氣候資訊中心」[21]，所有發布生日祝賀文的人，都被迫在下面加上：「看看你所在地區的平均溫度改變了多少，更多詳情請見氣候研究……」至於演算法基於觀看數低落而過濾掉或減少推播的內容究竟為何，我們也只能擅自猜測了。

為自己想

如今，如何辨識出公司、當局或其他組織內討厭鬼的各種隱晦及公開的操縱手法，並避而遠之，變得前所未有地重要。不論他們訴諸於你的同理心（第一類：永遠的受害者）、激怒你（第二類：自以為是之人）、誘惑你逃避日常生活（第三類：拖延症患者）、提供充滿關愛的協助（第四類：熱血心腸），或是其他類型討厭鬼的伎倆，其實並不重要。雖然我們

20 *BW 24*, »Ravensburger zieht Winnetou-Buch zurück–wegen kultureller Aneignung«, 25. August 2025, https://www.bw24.de/baden-wuerttemberg/haeuptling-instagram-ravensburger-verlag-winnetou-buch-kulturelleaneignung-rassismus-junger-zr-91741329.html

21 Meta, »Gemeinsam gegen den Klimawandel: Klima-Informationszentrum, Challenges-Funktion und neue Nachhaltigkeitsziele«, 20. Mai 2021, https://about.fb.com/de/news/2021/05/gemeinsam-gegen-den-klimawandel/

一向建議大家先考量一下自己的職涯與個人的名譽，但一旦你已經看破他們的手腳，就做出下一步決策吧——不要猶豫。我有一位老朋友一直等到六十五歲生日、退休後才解放自己。此後，他便開始在線上個人檔案自我介紹道：「這一天終於到了！」如果你能獨立思考、尋找適合自己價值觀的環境，即使年紀還輕，也能擁有許多可能性。

在這個最後章節，我們將本書討論過的內容重新整理一遍，並為你的下一步提供建議。討厭鬼隨處都是，但你可以挑選哪些人跟自己最合得來、你願意跟對方好好相處。如果你能跟擁有共同價值觀，或行為模式相符的主管、同事與事業夥伴一起工作，那將會為你帶來大量優勢。你必須減少解決衝突、降低爭論的次數，並更加享受生活。與此同時，保護自己不要受到老練的心理操縱的影響。他們有時候可能單純惱人，但通常其實會讓你耗上更多成本，好比丟失時間與金錢、浪費精力，或是因為你忙於做其他事而喪失機會。

仔細觀察自己討厭別人的哪些地方

關於討厭鬼，你的第一件事都要是先去觀察自己覺得他們哪些地方很煩。但試試看不要光只是評斷（令人不爽、讓人心累），而是以更具體的詞彙來描述哪些特質以及行為讓你感到厭煩。舉例來說：「我老闆讓我覺得很煩的地方是，他會聽我講話，但總是急著馬上推向解法。」這就是問題解決者（第五類討厭鬼）的典型行為。或者：「我同事總是暴躁不已，不管我說什麼，她都一定要從根本上推翻我。」她很顯然是一位自以為是之人（第二類）。盡量用中立的方式做筆記，將惹你厭煩的確切事蹟記錄下來。這個步驟可以讓你自己稍微拉開距離，從受影響者的位置移往觀察者的位置。這樣一來，你就有可能避免過多的戲劇化事件，並建立起可行的計畫。

學習與那些可能「不是你的菜」的人相處

不管你到哪裡，絕對都無法找到完美的人。但如果你能跟自己基本上喜歡、可以接受對方缺點的人分享職場與私人生活中的大多時刻，那你已經算是相當成功了。下個目標可以是拓展這個圈子，換句話說，讓自己漸漸開始接受、同理那些「不是你的菜」的對象。學習接受這項事實：我們不一樣，但我們仍可以與彼此好好相處。

嘗試探索自己可以改變什麼

基本上，你無法改變其他人，但如果他們想要改變的話，你可以鼓勵他們自發的改變。針對這個部分，你可以在「如何遠離討厭鬼的詭計」（依據各類型分別討論）與「九招擺脫討厭鬼的閃電對策」（整體討論）兩個章節中找到建議作法，並於工作場合嘗試使用。舉例來說，如果你將一位不斷索求幫助的女同事歸類為永遠的受害者（第一類），那就停止安撫她、幫助她吧。相反地，試著鼓勵她為自己多負點責任，不要覺得自己必須為她的決定負責。不過，切記，對方可以、也可能決定要接受或反對這個選項。即使你的評估是正確的、建議也很合理，這並不代表對方一定要遵從你的想法。

不過，你也不該無上限地做此嘗試。在眼前的工作中探索各種可能的空間是很重要的事，但在大約六至九個月後，你會清楚知道哪裡有更多可能性、哪些地方已經達到極限了。此時，你將面臨下一個決策：你是否有辦法接受如此不完美的情境？或想要改變？這件事不必立刻發生，但一旦你做了決定，就試著將負面能量導入正面活動中吧——專注於應用、強化你在公司與產業中的人脈、尋找一些可以讓你揚名的專案。這麼做也能夠減緩職場上既有的緊張，畢竟你已經忙著思考自己的下一步了，根本沒有過多心力去跟同事爭執。

尋找適合你的人

讀到這裡，你已經相當清楚別人的什麼行為讓你感到厭煩了，而且應該也知道自己喜歡別人呈現什麼樣的特質與行為。誰適合你？目前為止，哪些組合對你來說向來可行？最好的方法是，在我們的討厭鬼列表中挑選出二至三個你認為優點大於缺點、你能好好與之相處的類型。對此，複習「誰適合誰？討厭鬼的組合」章節將有所幫助。舉例來說，如果你很重視有組織、有結構的工作模式，專注於方法、技術與工具，那問題解決者（第五類）就很適合你。即使對方非常表現取向、有時候給自己和別人過多壓力，但你應該不會覺得他這樣很煩。你知道其中的風險，但你能夠接受。同樣地，在這件事情上，你也只能為自己決定；團隊中可能有些人會有不同看法。

現在，想想看，那些傾向跟你比較合得來的人可能會在哪裡工作。更精確的說：什麼產業、什麼類型的公司？獨資企業、新創公司或大型企業？政府機構或大專院校？好比說，問題解決者對商業感興趣，想要發揮實際的影響。你大概會在企業公司的高階管理職位找到他們，獨資企業或新創公司也有可能。而這意味著，假如你也想要這麼做，那你該去哪裡應徵就很清楚了，尤其是如果你以前待過的環境可能很愛玩權力遊戲、重視自我保護，那些地方就很容易找到自以為是之人（第二類），而且他們很有可能攀至上位。

瞭解自己真正的歸屬

當你發現自己身邊圍繞的主管、同事與商業夥伴，其看法與行為你大多都不喜歡或不契合，那就是時候做出改變了，最遲也得在二至三年之內完成。在那之前，你可以保持務實（例如：因為你沒有替代方案，或不想冒險經歷另一段試用期）。如果你再撐得更久，可能會愈來愈覺得自己淪於別人與現況的受害者，於是就變成永遠的受害者（第一類）了，沒有人會因此開心的。

假如你在工作上覺得自己像個外人，其中的原因並不見得是錯誤決策。或許你剛加入公司時情況不是這樣，只是你自己變了、公司變了。不要浪費時間抱怨（典型的第一類：永遠的受害者）或責怪他人（第二類：自以為是之人），而是好好關照自己、接著是你的未來。如此一來，你就可以將負面感受，像是失望、挫敗、憤怒等，轉化成正面力量。

有時候，如果只有一個人讓你覺得很煩，像是你的主管，那簡單地調轉至其他部門就夠了。但那些問題通常是公司整體文化的徵兆，否則它就不會存在了，而那個討厭鬼也絕不會擔任領導職位。這意味著，你必須做出重大改變。當然，這並不代表你在修正「將你導入眼前情境」的錯誤，而是承認「改變」的事實，你不再是過去的那個自己，你的環境可能也有所改變、不再適合你了。

辨識自己的改變

如今，日記已經不流行了，個人網路部落格也是。但長期的自我省思相當珍貴，你可以回顧自己過去的模樣，以及後來的改變。此刻，你可能看不出來自己有任何進展，而且一直遇到新的障礙。但當你回顧過去，就會很驚訝地發現自己其實已經做了多少。如果你現在正在考慮改變（既然你購買了這本指南，就表示你有想吧），你可以簡單地記錄一下自己目前的感受。例如，你可以試著回答以下問題：

一、**別人**會用哪五個形容詞來形容你最好的一面？

二、**別人**會如何形容你最糟糕的一面？

三、**你自己**會用哪五個形容詞來形容你最好的一面？

四、**你自己**會如何形容你最糟糕的一面？
五、你有哪些關於人生的擔憂？
六、什麼東西能激勵你？
七、你在職涯與私人生活中的願景為何？
八、你目前的人生規劃為何？
九、從一至十，你的生活品質有幾分（十為最高分）？

接著，在你的行事曆中記一下，在三、六、九、十二個月之後再回答一次同樣的問題，並記得等到那個時候再回過頭讀先前的答案。你對哪幾項的看法沒有改變？哪些已經變得不一樣了？

在新的工作場所中，你同樣也會遇到一些人讓你有時候不禁想說：抱歉，你真的很煩！但如果他們只是少數例外，你其實也不能真的生氣，而且你覺得自己有被接受，那你就會知道自己是在對的地方。可能不是永遠都這樣，但至少就你目前的人生階段而言是對的。

更放鬆地工作

我們大家在職場上與私人生活中都會不斷遇見討厭鬼，而有時候，我們自己也是。他們抱怨著自己其實更加努力、更專心解決就能改變的事；爭論著一些其實沒有那麼重要的議題，或是如果他們不要那麼固執，就可以尋得折衷方案；只考慮自身享樂，即使還有其他更重要的事該做；干預別人的事，即使他們其實立意良好。這些全都是人性，不可能全然避免，但當然也不必持續發生。

下次當你覺得討人厭的主管、同事或商業夥伴很惱人的時候，試著將你自己的煩躁感暫時擱置一旁，並仔細觀察對方：他們那些可能令人不悅的言詞和行為，其實揭示了他們本身特質與處境的哪些資訊？你會發現，事情往往與你無關，那些煩你的人其實正在揭示自己的挫敗與需求。如果你不要往心裡去、好好處理事件本身，許多人際之間的緊張都會頓時消散。你將展現度量與主權，並透過克服眼前短期的障礙，進而強化自身長期的利益。

你我相聚的時間將以這些建議收尾。現在，你已經學會如何系統化的將討厭鬼分類，選擇合適的策略應對他們，同時還有如何精進自己。此外，也希望你覺得還蠻有趣的，並決定以後不要總是把事情看得太認真。有興趣的話，你可以從我的網站attilaalbert.com下載一些免費的學習單，反思自己的價值觀、優先順序以及目標。如果有任何問題，歡迎隨時傳訊息給我。在接下來慢慢減少工作壓力、以更放鬆的姿態工作的旅途中，祝你好運！

隨時留意自己給予別人多少權力，以及自己的極限在哪裡

內在獨立與非常務實的可能性息息相關，好比說，你在需要時是否能夠迅速找到新工作、你是否擁有足夠的存款，以及自己的開銷是否不至於過高。不過，比這個更重要的，是個人態度：你覺得自己有多獨立？你想給別人多少權力掌控你？即使你必須付出一些成本，而且這麼做可能令人不太舒服，但你會在哪裡劃定界線？每一個討厭鬼都同時代表著挑戰與機會——他們試著以自己的方式對你產生影響。如果你想要的話，你可以選擇任由他們影響你，但你也永遠有自由能夠表達：「不，我完全不想要那樣。」

接受別人真實的樣子

「他們全都瘋了。」我們常聽到、而且大多能夠理解這句驚嘆，但更切合實際的說法是：「我們大家全都有點瘋！」有時候這樣並不好玩，但如果我們不管在工作上或在其他地方都一樣的話，人生會變得多麼無聊啊。

如果你花了很多時間去討厭那些走到哪裡都無可避免的人，或是試圖去改變他們（即使過去經驗告訴你通常行不通），你將為自己剝奪掉許多人生樂趣。你先是生別人的氣，接著換生自己的氣。如此一來，你將錯失許多認識有趣的人的機會——他們的想法和做事方式可能與你不同，但如果再看仔細一點，就會發現他們也有自己的質感，以及深具啟發的人生路徑。

你可以將討厭鬼視為一個更加理解、接受他人與自己的機會。你原本沒有選擇他們，但當你身處其中時，你可以選擇善加利用他們。即使你的主管、同事與商業夥伴有時候很惱人，你可以在不要讓自己抓狂的情況下處理他們，甚至可以將以前自己看得很嚴重的事情一笑置之。這樣會讓工作變得輕鬆許多——你的人生也是。

亞當斯密 040

工作還可以，但上司和同事不可以

七種雷包同事大解密，讓你成為職場神隊友

Sorry, ihr nervt mich jetzt alle

作者　阿提拉・亞伯特
譯者　江鈺婷

堡壘文化有限公司

總編輯　　簡欣彥
副總編輯　簡伯儒
責任編輯　簡欣彥
行銷企劃　游佳霓
封面設計　周家瑤
內頁構成　李秀菊

出版　堡壘文化有限公司
發行　遠足文化事業股份有限公司（讀書共和國出版集團）
地址　231新北市新店區民權路108-3號8樓
電話　02-22181417
傳真　02-22188057
Email　service@bookrep.com.tw
郵撥帳號　19504465遠足文化事業股份有限公司
客服專線　0800-221-029
網址　http://www.bookrep.com.tw
法律顧問　華洋法律事務所　蘇文生律師
印製　呈靖彩藝有限公司
初版1刷　2025年2月
定價　新臺幣430元
ISBN　978-626-7506-59-2
978-626-7506-56-1（Pdf）
978-626-7506-57-8（Epub）

國家圖書館出版品預行編目（CIP）資料

工作還可以，但上司和同事不可以：七種雷包同事大解密，讓你成為職場神隊友／阿提拉・亞伯特著；江鈺婷譯. -- 初版. -- 新北市：堡壘文化有限公司出版：遠足文化事業股份有限公司發行, 2025.02
面；　公分. --（亞當斯密；40）
譯自：Sorry, ihr nervt mich jetzt alle!
ISBN 978-626-7506-59-2（平裝）

1.CST: 職場成功法　2.CST: 人際關係

494.35　　　　114000308